U0005143

地球永續漫畫 004

零汙染的永續未來

漫畫圖解——
地球環境與SDGs 4

マンガでわかる！地球環境とSDGs 第5巻
すばらしい未来のために

晨星出版

前言

世界上有許多人正在同心協力解決環境問題、建構永續社會。此外，各種研究開發工作也正如火如荼地進行中。

本書將針對永續社會的建構方式進行探討。

Climeworks

回收大氣中的二氧化碳（CO_2）後儲存於地底下，將其封存為岩石的設備（冰島）。

Cynet Photo

2021 年 11 月於英國格拉斯哥召開聯合國氣候變遷綱要公約第 26 屆締約方大會（COP26），期望防止地球暖化。與會人士共同決定要階段性地減少燃煤發電，並且宣告要將全球氣溫上升控制在工業革命前的 1.5°C 以內。

NPO 國際志工學生協會

海邊淨灘活動。

致力於植樹活動的企業。 公益財團法人 國際綠化推動中心

許多企業開始把產品包裝從塑膠替換成紙製品，在減少塑膠垃圾的同時也更方便進行後續回收。

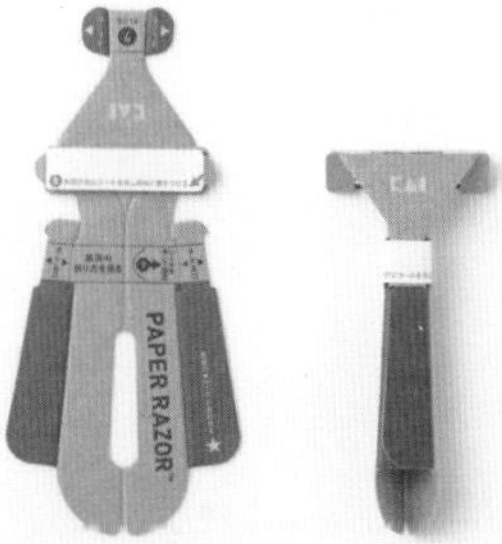

不使用塑膠的紙製刮鬍刀。 貝印公司

將全部或是部分塑膠包裝改為紙包裝的零食。

日本雀巢公司

2022 年 UHA 味覺糖

第 4 冊

零汙染的永續未來

主要和以下目標有關。

未來與 SDGs

目次

第4冊

零汙染的永續未來

主要和以下目標有關。

未來與 SDGs

本套書籍皆採以下方式製作，以期降低對環境的負荷。

❶使用 PUR 膠裝訂成冊

PUR 熱熔膠是一種適用於紙張回收的黏著劑，不僅可以用來製作經久耐用的書籍，回收時又可與紙張完全分離。

❷使用植物性油墨

植物油墨水是以大豆油、亞麻仁油及椰子油等植物油代替石油的印刷油墨，可以減少揮發性有機化合物產生。

❸使用製程對環境友善的紙張

向從事環保事業活動的製造商採購紙張。

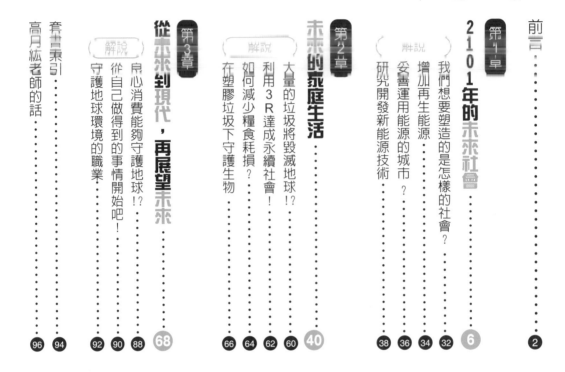

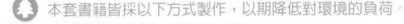

首先，跟大家介紹這部漫畫的主角Miki。
某天，小學5年級的加古未來（Miki）遇到江戶時代的少年小助乘坐23世紀的時空機器人——「聖日爾曼號」來到未來。
痛。
那那……。
那是什麼——!?
透過「聖日爾曼號」的轉換功能，Miki變身成為小助——
到處觀察江戶時代的生活。
東張
西望
嘰嘰喳喳
得知江戶時代就已經建立了「循環型社會」，並且在那裡了解到永續的概念——
然後，Miki又回到了現代——
噗噗
咻
東京 202X 年 8 月 25 日
豔陽高照—
嘰—
嘰嘰嘰
轟隆—
喀噠
向江戶時代學習Eco社會
5年3班
研究
ECO NEKO

第1章 2101年的未來社會

哇——
現在的東京和江戶時代比起來好熱喔——
——好了，我要繼續努力。江戶時代就是一個永續的社會……。
嗶……
嗶……
颼—
嗯？……
砰！
呀!!
好痛！

變身!!
好痛
逐漸縮小
穿上！
噹噹！
啾咪♡
小日。這這這，這是怎麼一回事啊？
嘿嘿♥ Miki，好久不見了！
我們不是才剛剛一起去過江戶時代嗎？
啊，對齁！
不過和Miki分開後其實已經過了十年，聖日爾曼號才又回到這個時代。
誰在乎那種事啊！
聖日爾曼號！
……這位男生是誰？
這是來自22世紀，也就是2101年的未來少年——「小秀」。
Miki！
現在的22世紀變得如此糟糕！
都是你們害的！
咦？怎麼回事？

總之，我們就去一趟22世紀啾！
轉換成雙人座!!
增大
來，上車吧！
咦!?
抓
怎……
咻
飛速
怎麼回事啊——!?
咻—
嗶……
嗶……
我們到22世紀的2101年囉。
這裡是？
咻—
哇喔！

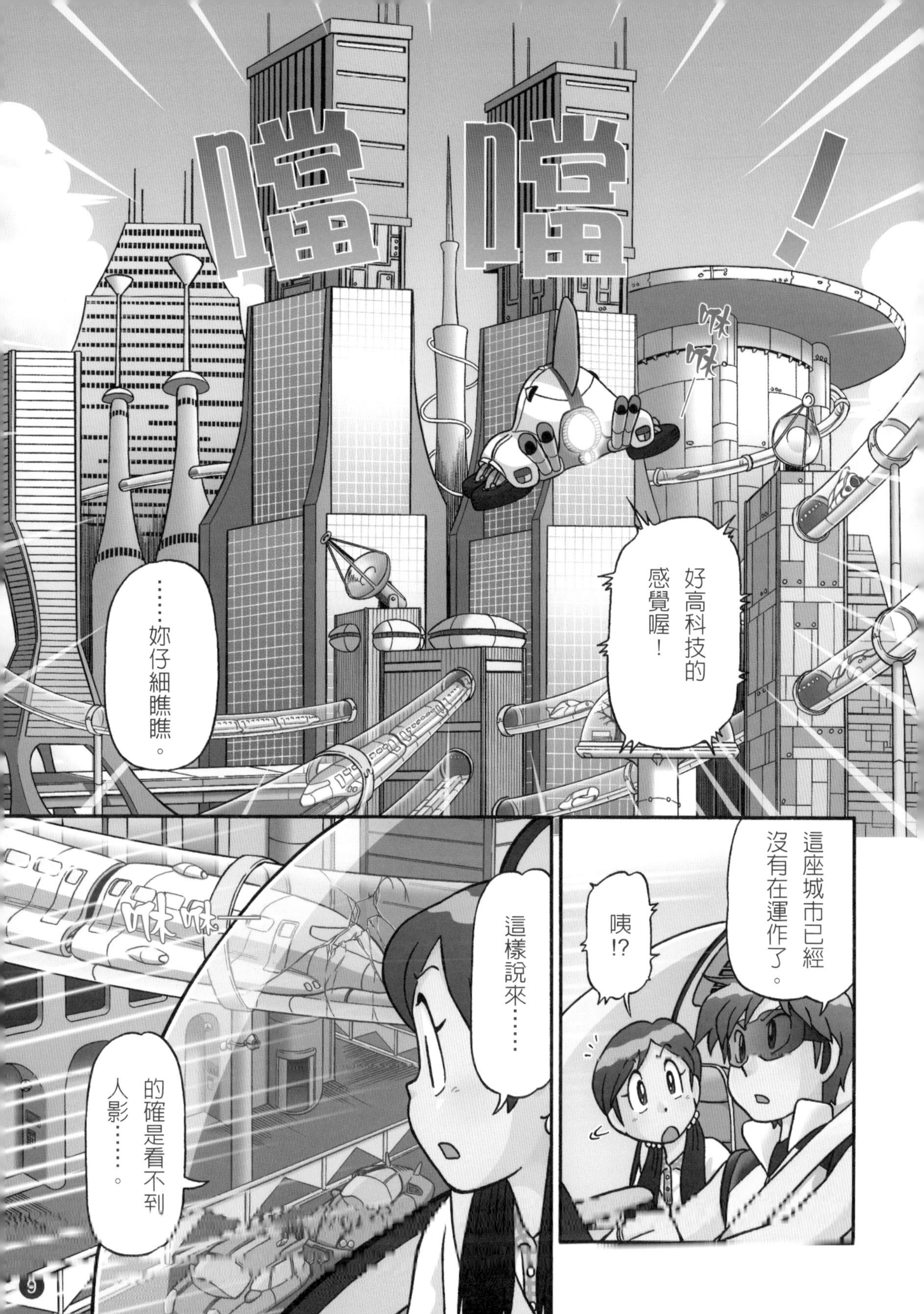
噹噹！
咻咻
好高科技的感覺喔！
……妳仔細瞧瞧。
這座城市已經沒有在運作了。
咦!?
這樣說來……
的確是看不到人影……。
咻咻—

為了維持這座城市，必須要有非常龐大的能源與資源。
石油、煤炭、金屬……，人們試圖使用各種地底資源，持續過著便利且舒適的生活啾。
不過，資源總是有限的……啾。
乍看之下光鮮亮麗，這座城市卻早已經成為廢墟了！
在變成這種狀況之前，無法阻止嗎？
當然也會有一些意見表示這是錯誤的發展方向。
不過，許多人已經過慣了便利的生活，
直到完全瓦解崩壞時，才意識到錯誤。
久等了！
每天都消耗著龐大的能源，最終無法維持下去。
那麼，人類現在都在哪裡呢？
…

大自然遭到破壞，地球的生態系也跟著瓦解，許多生物從地球上消失。
咻咻咻……
嘎嘎嘎……
人類為了爭奪水、糧食與資源，而引發戰爭，導致許多人死亡……。
那個……那不就是復活節島文明的下場嗎!?
似乎真的是一個很悲慘的時代。
似乎？……你不就是這個時代的人嗎？
沒錯呀！不過以前並不是這個樣子的。
關於能源方面的問題，當時幾乎快要解決了。
咦？你沒說錯嗎？
事實上，我和小秀不久前還在時空旅行。
難道又被發現了？
當我們回來時，我的時代已經變成一個完全不同的世界了。
變成這模樣了！
怎麼會這樣呢？

Miki到了江戶時代後，導致Miki原有的時代稍微有了改變啾。
結果連未來的歷史中也發生了變化啾。
等一下！我們做的不都是好事嗎？
應該不會讓未來變成這樣吧！
嗡……
時空旅行的問題是非常複雜的。
透過穿越時空，改變人類過去的行動，當然會對未來帶來很大的影響啾。
Miki等人的一些小舉動，都會對未來造成很大的影響。
總覺得小日的時空移動也會造成很大的影響……
總之我明白了。
如果，我從現在開始有所行動的話，
未來會變回你……變回小秀原來的世界嗎？
的確有可能。
啾。
這樣一來，我們需要把在江戶時代學到的「循環」概念導入Miki的社會，
還有，我們要像江戶時代的人們那樣讓自然再生啾。
嘿嘿

*群落生境（biotope）：為了讓動植物生命能夠在其中不斷循環所設置的空間。在德文中Bio是指「生物」，tope是指「場所」，群落生境即是這兩個詞的複合字。

1年後。秋天—
閃亮亮
嗯？
哇！我們打造的蜻蜓池塘，出現了好多紅蜻蜓。
嚓
窸咻
好美……。
不過……
這種樸實普通的地方活動，真的可以改變未來嗎？
嗶……
嗶……

嘶砰！！
哇啊啊！！
好痛！
嘎
Miki，要麻煩妳再來未來一趟！
咦？咦？
嘎
噠
欸，這，這是怎麼一回事？
總之就去一趟吧啾！
2101年—
嗶……
嗶……
到了啾！
咻—
妳看外面！
提心吊膽

啪～！
呱
啪沙
啪沙
咻咻咻咻
咻咻咻咻
喀喀噠噠
咻
哇!!
咩
咩
窸咻—
咻咻咻咻

城市被大自然包圍著。
被稱作是充滿生命力的TOKYO Bio City。
和我的時代截然不同呢～！
都是因為Miki你們開始行動了。
謝謝你們！
……想說要讓妳嚇一跳，所以用很嚴肅的表情帶妳過來。不好意思喔！
咻
這種小事沒關係啦。不過真是太好了，我安心了～。
咪咪♪
……話說回來，未來的世界都沒有高樓大廈了嗎？
!?
啊！
啾啾啾
啾啾啾
大樓被森林覆蓋著。
大樓成了森林!!
藉由大樓排放的廢水培養綠色植物。
有了綠色植物之後，變得冬暖夏涼，就不會浪費電了。
哇──！
轟！

急遽下降
哇——
啊——
嘰嘰嘰
咕呷
嘶咚
啊……小日這樣很危險耶！
哇～好不舒服……。
嘿嘿！
一直勉強搭載了兩個人，我不行了啾。
咦？你沒事吧!?
讓我休息一下，應該就沒事了啾。
你們先去街上逛逛，我再去找你們啾。

知道了，你好好休息喔！
啾
嘎
好，我們走吧！
……你剛看到什麼了嗎？
那部車在天上飛……
喀沙
喀沙
噠噠噠
咿呀
嗞嗶
嗞嗞嗶
喀呀
喀呀
喀嚓
喀嚓
嗶呦
嗶呦
……這裡真的是東京嗎？
空氣超好的，真舒服——。
還可以隨意租借腳踏車。
這是在 TOKYO Bio City 裡最常使用的交通工具。
嗯？
啪沙
啪沙
哇！是上坡！
感覺騎上去會很累~。

咕咿
咦!?
突飛猛進
輕鬆地騎上坡了!
這是電動腳踏車。是Miki吋處時代的腳踏車進化版喔。
咿呀—
窸咻
哇!一整片金黃色的稻田在閃閃發光呢!
啾囉
我們走近一點看看吧!
嘰
咔嚓
嗯?大家在割稻嗎?
吵吵嚷嚷
嘰嘰
喳喳
喂
啊!正好遇到割稻時期。
是手工作業!
哈哈哈,這是秋天的重頭戲,整個城市的人都會一起來割稻。
割稻可是有祕訣的。
好像很有趣。
我也想嘗試看看。

還有，像這樣透過日晒讓稻穀慢慢晒乾，米飯會變得香甜可口喔！
啾啾啾
是麻雀！
哈哈哈
啾
我從沒見過這些東西。
因為妳那個時代全部都是交給機械處理吧！
收割下來的稻米不僅可以煮成飯，也可以做成麵包。
這個我的時代也有喔！
多虧如此，除了一些外國特產外，幾乎所有食物都可以自給自足。
日本的氣候也很適合稻作呢！
可以就近取得食物，會讓人感到安心、安全！我的時代就很不容易呢！
雖然現在水不多，但稻田是水蚤、青鱂魚、水蠆等許多有趣生物的棲息地。
水蚤
青鱂魚
水蠆
沙沙
還是候鳥們的綠洲、覓食之處。
原來如此，稻田不僅僅是種植稻米的地方而已。
哈哈哈，這裡可是城市居民共同的休閒場所。4月稻田開始整地時，還會舉辦玩泥巴大賽，
所以也是孩子們的遊樂場。
可惡
哈哈哈
啪嗒

咻呀
你看，這裡就是我所居住的TOKYO MUSASHINO——4區。
MUSASHINO？
……咦，我們不用回到原本租借腳踏車的地方嗎？
只要有「Bike Station」，到處都可以租借或是歸還腳踏車喔。
喀嚓喀嚓
原來如此！
大家共用腳踏車就好，並不需要一人一輛……。
這樣就不會浪費了！
歸還回「Bike Station」的腳踏車，還會自動充電喔！
啊，屋頂上有太陽能光電板。
咻
咻
唉唷，你們是在約會嗎？
咻
咻
沒有啦！
只是帶我……表妹上街逛逛而已。
啊哈哈，是小秀的朋友嗎？

嗯，他叫作博士，暱稱也就是博士。
他會製造腳踏車。
那一輛是你自己做的嗎？
沒錯！這是風力發電型的電動腳踏車喔。只要透過風力產生電，踏板就會變得很輕盈。
博士很擅長利用廢棄材料，製作各種交通工具。
是喔！好厲害的興趣！
這可不是興趣。
博士是在學校中學會這些事情的。
什麼意思？
我們可以從學校課程中，任意選擇自己想做的事情並且進行學習。
任意選擇自己想做的事情!?
這也太棒了吧！
我喜歡創客課程，將來想要從事把廢棄材料回收製造成腳踏車或是機車的工作。
……話說回來，妳怎麼會不知道選課的事情呢？
咦？
哈哈哈，Miki是從國外回來玩的。我們先走啦，再見！
啊，好的。
噠噠噠
Miki……嗎？
總覺得好像在哪裡見過她。

中吉屋
修繕舖
啪沙
啪沙
咻咻
咻咻
泥土道路增加了。
為了不讓雨後變得泥濘，還會撒上植物製造而成的吸水屑。
喔！是小秀。我摘了一些梨，你過來拿一些吧！
謝謝，我等一下過去。
小秀，等等我想去跟你借一下行動電源。
沒問題
哇！城市的居民都好親切。
哇哈哈
來自各地的人們會一起進行種稻等各種工作，所以大家都是好朋友。
大家互相幫忙，就不需要自己再擁有多餘的東西。

嘰——
嘰嘰嘰嘰嘰嘰
沙沙 沙沙
嗯哼 嗯哼
啊！
里山裡……。
未来の祠
竟然還會有神祠！
小助……。
這座神祠所祀奉的是大家很景仰的循環神。
是喔！
沙沙
這裡的麻櫟落葉可以做成肥料。
沒錯，妳很清楚呢！
我之前有和小日一
去過江戶時代，
所以有聽說過。

原來如此……
那麼，曾祖母……
沙沙
曾祖母？
啊沒，沒什麼啦。
妳看，城市居民們都在里山裡尋寶呢！
春天可以採集到蜂斗菜、竹筍、筆頭菜，
秋天可以撿到栗子等樹木果實。
也可以在里山裡找到藥草喔！
哇，里山可真是一座食材寶庫呢！
沙沙
這是我家！
這裡嗎!?
啊，有葡萄。
吃一顆吧！請！
沙
謝謝。
咬
哇！
好甜！
哈哈哈，種植葡萄等作物，除了可以食用，夏天還可以幫助遮陽。
喔！

咻
咻
沙
妳猜猜這是什麼？
喀啪
咦？
……是土嗎？
這些都是肥料，是由家庭廚餘以及廢水製造而成。
可以直接沖入馬桶喔！
而且，這些肥料還可以用來培育剛剛我們所吃的葡萄。
不愧是Miki，妳說得沒錯！
電力部分幾乎都來自於風力發電與屋頂上的太陽光電。
咻
咻
除此之外，還有這個。
沙
這是什麼儲藏槽？
這個東西可用來儲存由剩飯產生的生物氣體（Biogas），再利用於一般瓦斯爐。
啵
哇！這樣一來就能妥善利用大自然的力量與廢棄物。

沒錯！用一句話來形容我們這個時代，就是「循環型社會」。
循環型社會
讓資源循環
低碳社會
大幅降低溫室氣體
永續社會
自然共生社會
未來能夠持續獲得來自大自然的恩惠
「永續」已成為一種普世常識。
然而，大家最終希望實現一個只使用自然能源，完全不產生任何廢棄物的永續社會。
永續社會呀！
讓太陽電池、其他機械、日用品等
全部都只使用自然能源，目標是達到完全循環生產的狀態。
生產工程方面，就不是使用機械，而是增加更多人工的部分。
根據現況，如果僅使用自然能源，是無法像Miki所處的時代那樣，足以讓大量機械運作的。
哇，用人工的方式就很難大量生產了。
哈哈哈，那可不一定喔！
〈Miki的時代〉
自動化流程作業
〈小秀的時代〉
這是我們所製造的！
人工與自動化作業流程有不同的運作價值。
而且，會依據個人喜好，一輛一輛客製生產。
我的車是世界上唯一一輛
所以沒有必要大量生產。
原來如此。

小秀的房間
嗚哇！
這個蛋糕超好吃的！
這個蛋糕是用米做的。
果汁則是用剛剛的葡萄做的。
這個蛋糕也是嗎！
沙沙
試著赤腳行走在這片田地上吧！
沙
都是雜草耶。
慢慢地前進
哇，土壤真鬆軟！
好舒服喔！這是什麼呀？
有許多生物存在的田地，就是如此充滿著生命力呢！
蔬菜吃起來也很美味。
吃吃看這根胡蘿蔔。
拔出！
哈哈哈，因為有雜草可以防止土壤乾燥，也為那些幫助耕種田地的蚯蚓、鼠婦提供巢穴。
還有地鼠喔！
地鼠！

這根已經被蟲咬過了喔。
蟲跟我們一樣，都是地球的朋友。
喀吱…
哇！
這超甜的！
哈哈哈
Miki的反應真是太有趣了。
哈哈哈，是嗎？
總覺得小秀生活無憂無慮的呢！
我非常喜歡這座養育我的城市，包含大自然以及人們。
啪搭
啪搭
滋嗶—
滋嗶—
接下來我想要在這座城市舉辦祭典等各種活動。
我們不再像Miki的時代那樣，必須在世界各地忙碌奔波。
所以，也不會隨意浪費能源，身邊也充滿著美味的食物。

迅速地~
嗯？
跳
沙
沙
沙
啊，是小日。
你好慢喔！
我正在帶Miki參觀這座城市。你也一起吧！
迅速地~
嗯？
……比起參觀城市，發生了很嚴重的事情啾！
我已經無法讓Miki回到過去了啾！
你說什麼~!!

接續第40頁

我們想要塑造的是怎樣的社會？

為了思考接下來我們該做些什麼，必須先來想想我們想要塑造成怎樣的社會。

現在的生活方式會耗盡地球資源

我們每天的生活都會使用到能源、糧食、水、金屬等，像這樣使用各種東西的行為，稱作「消費」。

在地球上的人們，如果繼續照現在的消費方式生活下去，地球所能夠產出的資源恐怕不足以供應，必須要有1.75個地球才夠（以2019年現況估算）。因此，如果我們繼續採用這種生活方式，最終地球資源將會消失殆盡。萬一那樣的情況成真，可能會引發資源搶奪大戰。此外，飢餓或貧困或許也會讓許多人喪命。

為了不要陷入那樣的境地，我們該怎麼做才好呢？

必須要有幾個地球？

下圖表示，假設世界上的人們全部都與該國家的人們採用相同生活方式，我們需要幾個地球。世界各地的人們如果都過著與先進國家相同的生活，我們只有一個地球是不夠的。

美國	5.0 個
澳洲	4.1 個
日本	2.8 個
中國	2.2 個
印度	0.7 個
世界平均	1.75 個

Global Footprint Network, NFA 2019

什麼是「地球超載日」？

地球一年內所能夠生產的資源，從1月1日開始使用，用盡的那一天稱作「地球超載日」（Earth Overshoot Day）。例如2021年的地球超載日是7月29日。表示在那天之後所使用的資源，全都是預先使用未來的額度。從這一點就可以知道，現在的我們其實過度使用了地球資源。

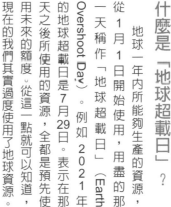

目標是「永續社會」

我們的目標是「永續社會」。那麼，「永續社會」是怎樣的社會呢？那是一種「從我們到我們的子孫都不會改變，可以持續在富饒、美麗地球上生活的社會」。

因此，我們必須從任意使用有限資源與能源的「消費型社會」，轉變為能夠有效率地應用資源與能源，透過回收等方式循環再生、持續使用的「循環型社會」。

我們的目標是創造一個永續發展的社會，讓人們過著方便且富足的生活，同時維持經濟成長。透過考量環境狀況，守護社會中弱勢族群的人權，達成可以持續讓經濟發展的社會，即可望實現永續社會。因此，SDGs目標可以說是一個具體的明確目標。

永續社會

環境、社會、經濟達到平衡，
才可望建構出永續社會。

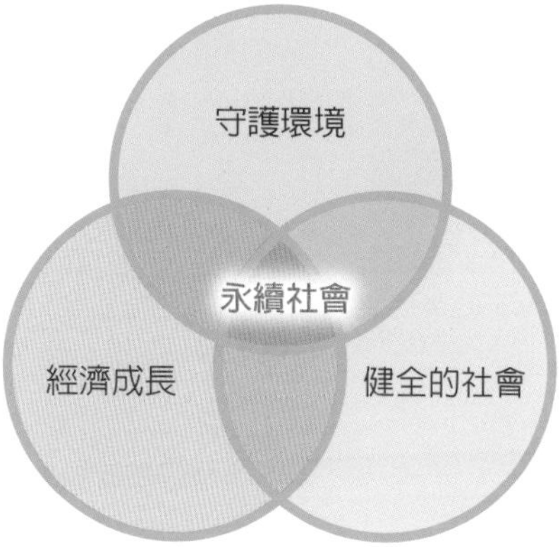

循環型社會

透過 3R 實現循環型社會。

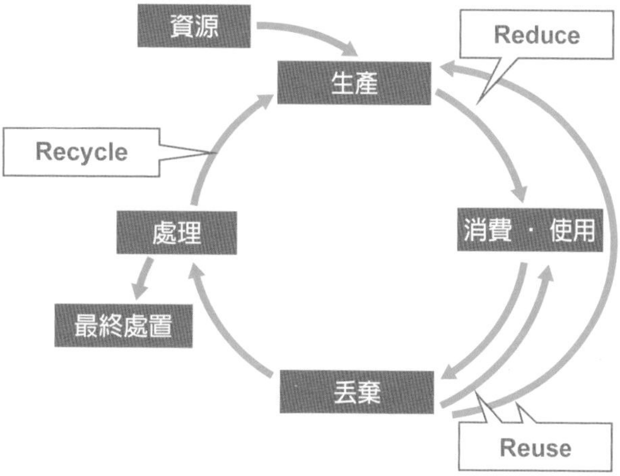

全世界人類共同合作，不遺漏任何一個人

在當今世界中，有些人因暴飲暴食而損害健康，也有人每天煩惱於三餐不繼。此外，有些人只要轉開水龍頭就可以使用乾淨、安全的水，而另一些人卻必須耗費好幾個小時去取水。

全世界的連結如此緊密，所有的問題可以說都與世界上的每一個人息息相關。日本大量進口食物，產生許多糧食浪費問題，是在耗損能源，這樣的舉動恐怕會造成地球上某一個國家的某個人無法使用能源。

SDGs的目標是不遺漏任何一個人，讓大家都有東西可以吃、有乾淨的水可以用。

重點是我們要知道全世界人們都串聯在一起，自己也是身處其中的一員，我們的目標是要與全世界的人類共同合作，達成永續社會。

增加再生能源

想解決以地球暖化為首的環境問題，其中一個關鍵即是能源的使用。我們必須努力於增加再生能源。

增加再生能源的相關行動

SDGs目標中「7 可負擔的潔淨能源」是希望大家可以使用永續性的能源。因此，期望能夠增加可以持續使用又不會排放二氧化碳的再生能源。

日本的再生能源使用比例雖然逐年提升，但是與主要國家相比仍然較低。不過，日本再生能源總*發電量排名世界第6，太陽光發電的發電量則位居第3名。

至2030年，日本的再生能源發電比例目標是要達到36~38%。

*發電量：已經開始發電的設備每小時可產生的最大發電量。

主要國家的再生能源發電量

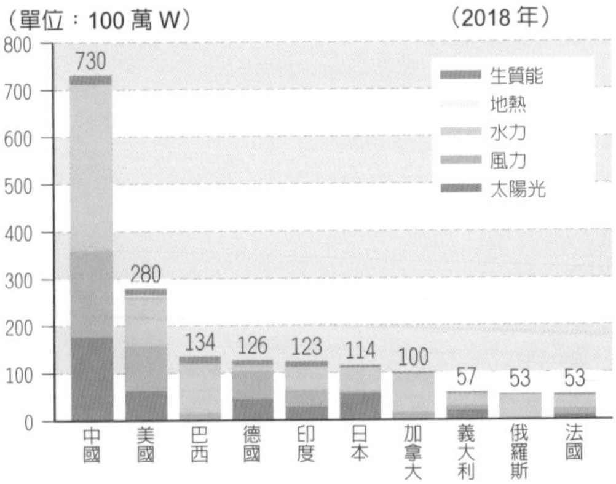

資料來源：Renewables 2019（IEA）

水力也是一種再生能源。
©PIXTA

主要國家的太陽光發電量

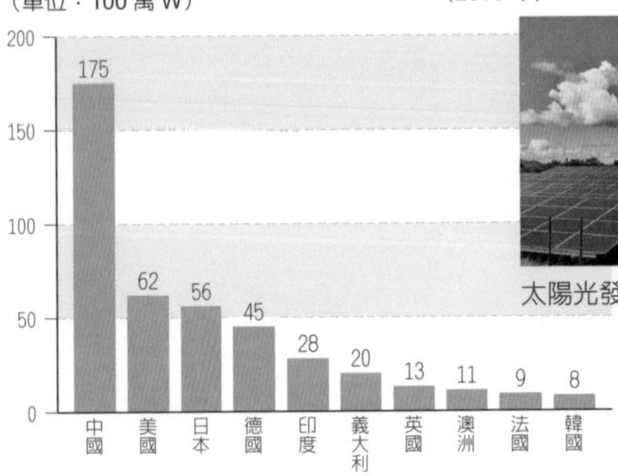

資料來源：Renewables 2019（IEA）

太陽光發電設備
©PIXTA

主要國家發電量占再生能源的比例

（日本數據為 2019 年度，其他國家則為該公告年之資料）

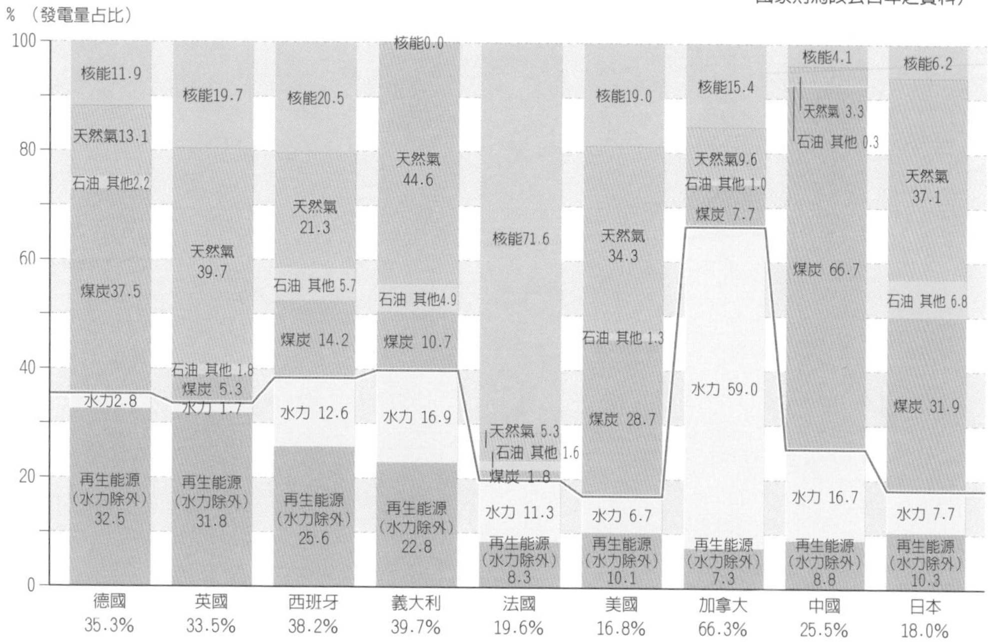

資料來源：日本資源能源廳

義大利的風力發電設備。歐洲很早就開始推動引入再生能源。

©PIXTA

加拿大水力發電廠的水壩。水資源豐富的加拿大，其水力發電占比較高。

©PIXTA

FIT制度與FIP制度

為了增加再生能源利用率，設計出以高價購買太陽光發電等的購電制度。因此，電費中還會增加「再生能源稅」。

FIT制度是以固定價格購買由再生能源所發出的電。此外，2022年開始引入的FIP制度則是以市場連動價格購買。因此，發電業者可以選擇在價格較高時販售較多的電，促使市場競爭、活化電力市場，進而期待提升再生能源利用率。

FIT 制度

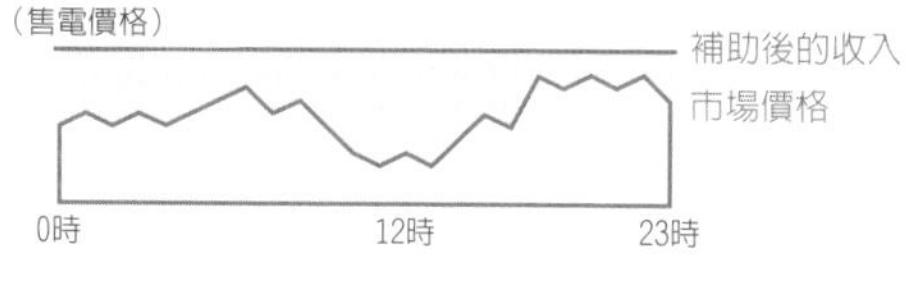

以固定的價格購買。

FIP 制度

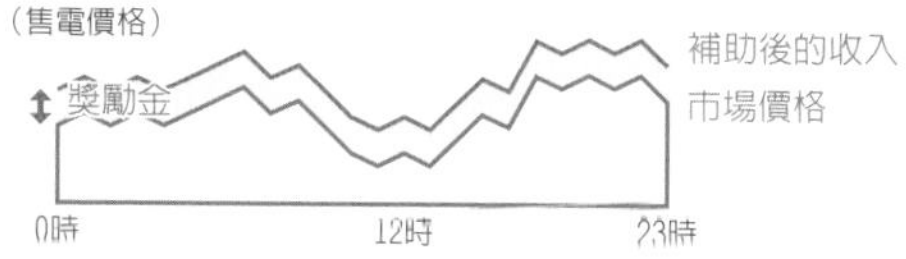

以市場連動價格購買。

妥善運用能源的城市

透過資訊網路連接城市住宅、設施以及交通網絡等，建構出能源使用最適化的城市、智慧社區。

聰明使用能源的城市與智慧社區

所謂「智慧社區（Smart Community）」指的是「考量環境的都市」，又稱作「智慧城市（Smart City）」。是將以次世代輸配電網──「智慧電網」為基礎的資訊網路與住宅、各種設施以及交通網絡等連接在一起。藉此，用最適當的方式製造、儲藏能源，讓人們得以使用。除此之外，還可以管理、控制大眾交通系統、公共服務等所有的系統。

智慧社區的目標是善用再生能源、製造能源，並且讓人們得以使用低耗損的穩定電力。

BEMS

建築能源管理系統（Building Energy Management System），用來管理建築物內所使用的能源。

有助於供給汽車或巴士的電力。當家庭用電不足時，電動車等可以傳送電力至家庭，家庭電力也可以對電動車充電。

參考日本資源能源廳官網製作

CEMS

用來管理整個城市的能源。管理藉由太陽光電、風力發電等再生能源發電設備所傳送的電量，讓城市裡所使用的電力能量達到最適化。

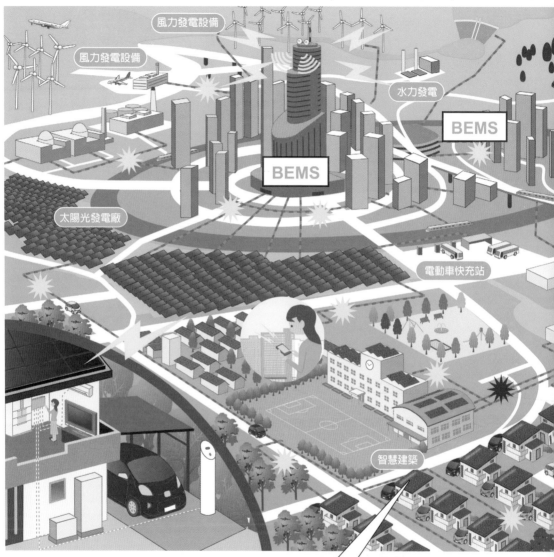

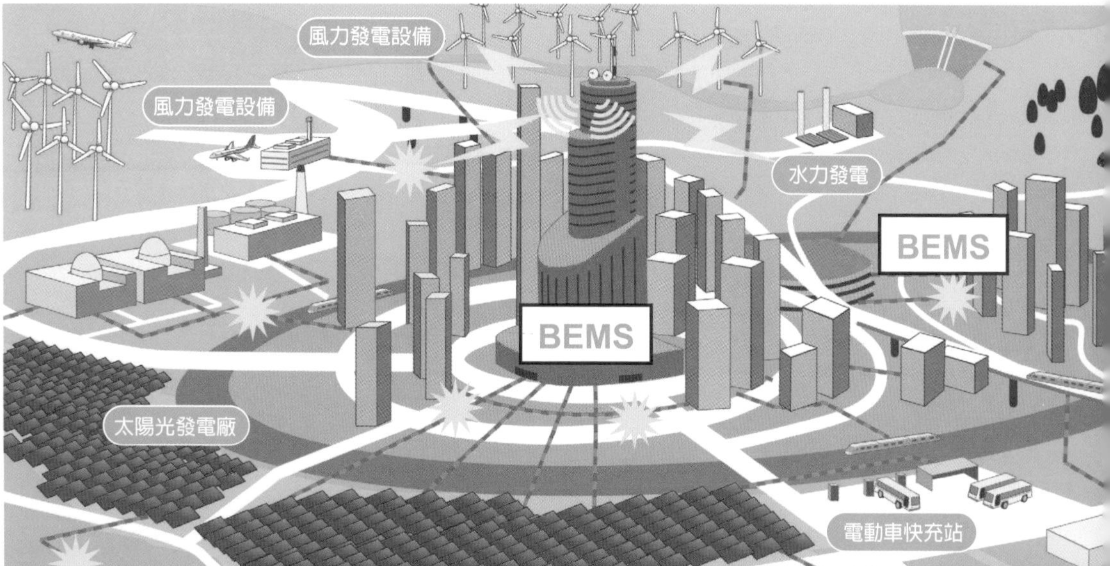

HEMS

住宅能源管理系統。
最適化管理住宅供電和用電。

研究開發新能源技術

目標是要將可永續使用的新能源技術實用化，因此持續進行研究開發。

利用海洋能

海洋擁有的能量相當龐大。

目前正持續進行使用波浪能源發電的「波浪發電研究」。此外，還有利用潮汐流動以及海水流動產生能源發電的「洋流發電」，以及利用潮汐滿潮、退潮落差產生能源的「潮汐發電」，由於是規律的自然現象，因此算是一種穩定性較高的發電方法。

再者，還有針對利用海洋表面的溫暖海水以及深海冰冷海水的溫差，進行海洋溫差發電研究。

東京大學生產技術研究所等單位執行日本環境省計畫之波浪發電示範運行裝置。

日本環境省計畫名稱：「降低 CO_2 排放因應對策之強化誘導型技術開發 · 示範運行計畫」

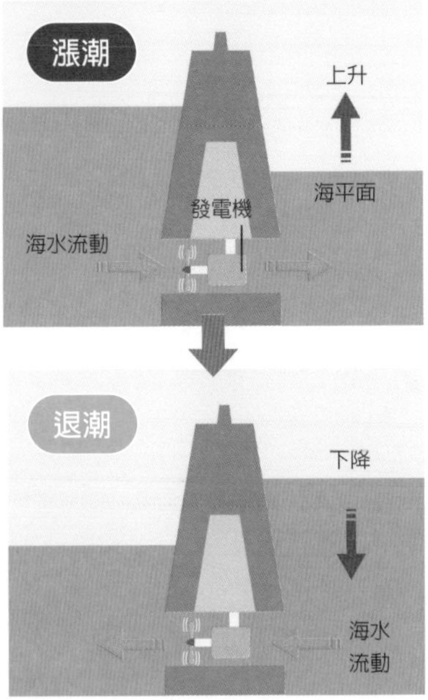

潮汐發電的機制。漲潮時儲存海水，退潮時再將儲存的海水放回海洋，藉此轉動渦輪發動機。

利用生質物

以動植物為主的資源，稱作「生質物」。日本各地都有燃燒間伐材等廢棄物質來發電的設備。除此之外，會產生甲烷氣體的家畜糞便，可以當作燃料，甘蔗、玉米等也都可以產生乙醇作為燃料。

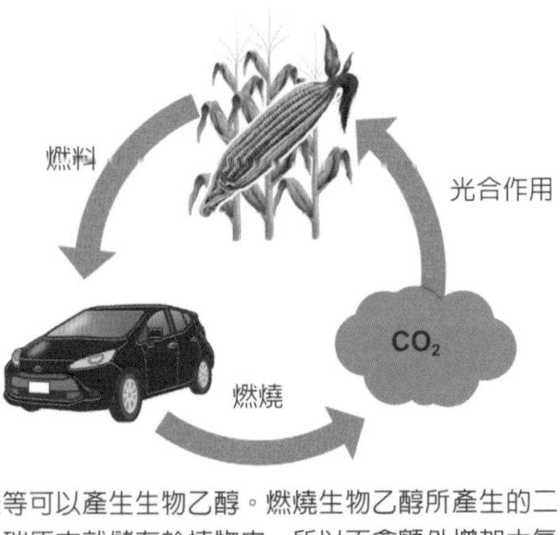

玉米等可以產生生物乙醇。燃燒生物乙醇所產生的二氧化碳原本就儲存於植物內，所以不會額外增加大氣中的二氧化碳。

利用太陽熱能

目前美國、西班牙等國家都有建設太陽熱能發電站，藉由反射板等收集太陽光，使其產生高溫，再利用該熱能產生蒸氣後發電。

日本方面，1980年代即開發出太陽能集熱器，將太陽熱能用於熱水器與冷暖氣機，直到現在都還有在使用。

太陽熱能發電站（西班牙）。 Novikov Aleksey / Shutterstock.com

宇宙太陽光發電系統

概念是將巨大的太陽能電池與微波供電天線發射到宇宙空間內，再將由太陽光能源製造的電力轉變為微波後，傳送至地面的接收電力天線。傳送至地面後即可將微波轉換作為電力使用。

該概念於1960年代末期成形，直至2000年代才開始研討大規模的系統建置。

JAXA（宇宙航空研究開發機構）的宇宙太陽光發電系統。由2片反射鏡與太陽能電池、微波供電裝置組合而成。

©JAXA

走路即發電的地板發電

地板發電是利用人們踏在地磚上的能量發電。藉由磁石在線圈內進出而產生電磁感應（Electromagnetic induction），每踩踏一步就可以產生5W的電力。

日本JR東日本也在車站剪票口的地板設置並進行相關實驗。

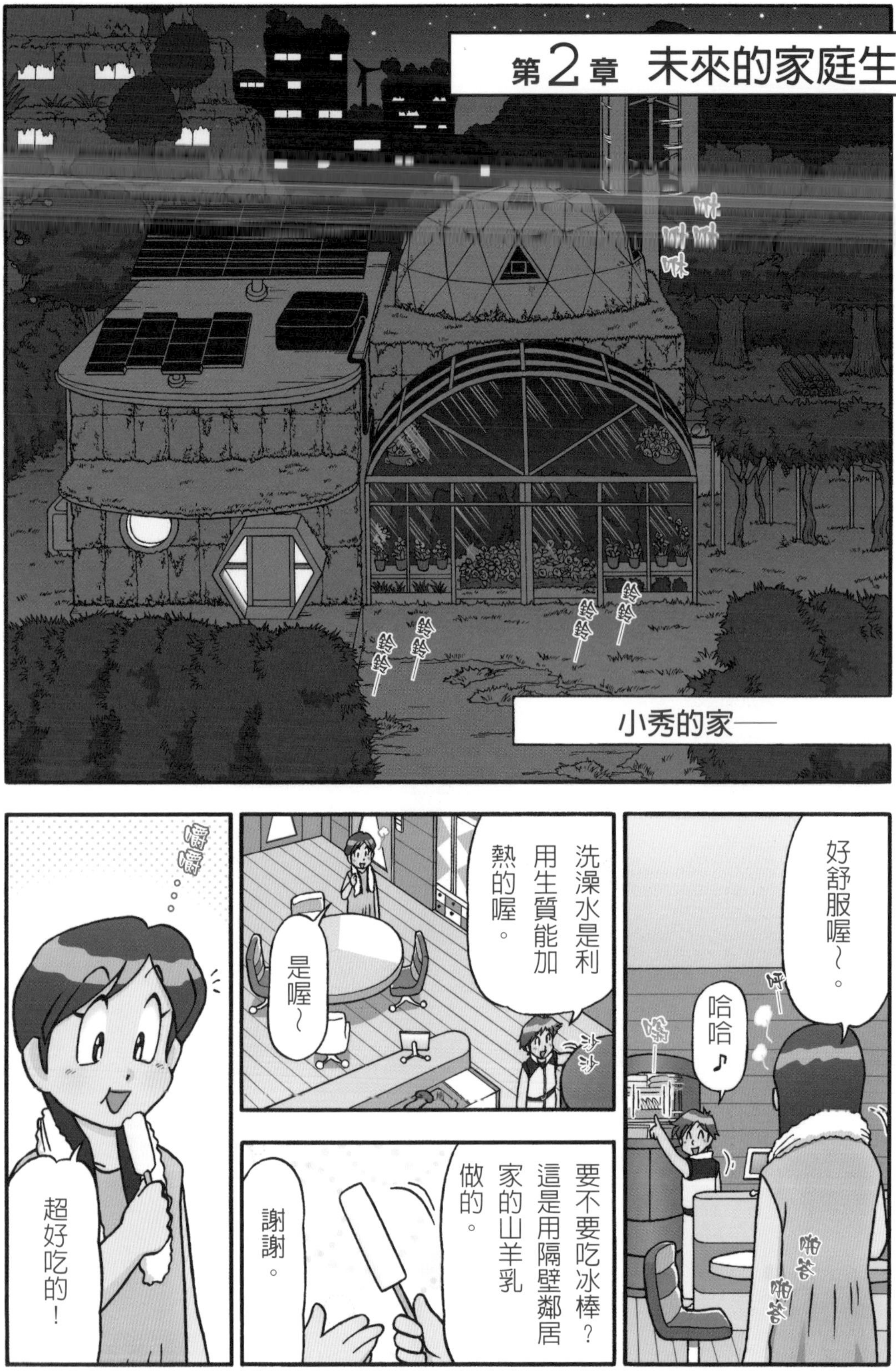
第2章 未來的家庭生活
鈴鈴
鈴鈴
鈴鈴
小秀的家——
好舒服喔～。
哈哈♪
洗澡水是利用生質能加熱的喔。
是喔～
沙沙
要不要吃冰棒？這是用隔壁鄰居家的山羊乳做的。
謝謝。
超好吃的！

啊！
這個冰棒棍是用哪裡的木頭製作的呢？
從我們今天看到的里山來的。
原來如此，就是這個!!
？
嗙
哇！太好了！我來的正好。
啪答啪答
不好意思，需要修改一下小秀媽媽的睡衣。
沒關係的！
嗙
嘎嗟
這是可以輕鬆重製的材質。
果斷地剪
啊！
貼合
哇！
這是什麼!?像魔術一樣。
這衣服的材質只要加熱一下就會黏合在一起。
所以，就算是有破洞或是破裂，只要用熨斗燙一下即可修復。
這不是理所當然嗎？Miki是第一次聽到嗎？
咦？
啊，是這樣!!
錯。哈哈哈。

咦？小秀你的衣服弄髒了。
啊，是在田裡弄到的吧？
這個是應用了Miki那個時代所發明的技術。
簡單的髒汙，只要用這個就可立即去除。
嗶
咻
啊！髒汙消失了！
還有，許多衣服、鞋子的材料都是源自於植物。
江戶時代也有很多物品是用植物製造而成的。
啪
啪
那家電呢？還是會用到很多塑膠吧……
啪答
啪答
這個塑膠的材質也是用植物製作的，所以最後都可回歸自然。
哇！
啪答
啪答
・柔軟性
・耐光性
・防潮性
等...
針對生物塑膠（Bioplastic）具備的許多功能還持續研究中。

為了讓家電產品壞掉後，容易修復，所有製造商都使用共通的零件……，
由於產品本身很容易修理，消費者也可以自行維修，
當然也有很多專業的修理店家。
家電修理
在我那個時代，即使送修，也沒有零件，
通常買新的還比較便宜。
不斷有新產品推出，所以也會想換其他產品用用看。
但是，這樣一來後續就會產生很多廢棄物。
現在我們購買新產品時，都會透過網路訂購。
製造商只依訂購的數量製造，所以不會造成多餘庫存。
所以，就不需要大量生產囉！
嗡
嗶
……話說回來，這個薄薄的東西是電腦嗎？
可以彎曲耶！
啊，這還兼具電視功能喔！

Miki的時代也有吧！這是有機EL顯示器（OLED）的改良版。
我只知道有一種電視的厚度只有3公釐……。
螢火蟲發光時幾乎不會產生熱，對吧？
顯示器就是利用了這種結構。
是喔！
用超低電壓顯示，所以超級節能。
這可是我們這個時代的主流技術。
啊，說到節能……。
啪
暗—
咦？
亮—
天花板微微亮起來了！
哈哈哈，這是蓄光塗料喔。
嗡—
喔!? 怎麼啦？怎麼啦？

爸爸，工作辛苦了。
啪
哈哈。
啪
工作？
你爸爸是在家工作嗎？
嗯，他今天在家工作。
可以在家做的事情就在家做。
不需要每天通勤，就可以藉此減少交通工具所使用的能源。
你從剛剛就一直在說明一些理所當然的事情。
哈哈哈
是不是不知道該怎麼跟女生聊天啊？
咔嚓
咔嚓
才不是呢！
話說回來，Miki也太慘了。
一個人來找小秀，旅行背包卻被偷了……。
咦？
竟然是用這種理由啊！
Miki是個粗心的人呢——
氣
受您照顧了。
我們家也歡迎妳來。

找到了嗎？
還沒啾。
雖然有在周圍搜尋，但是都沒有儲能盒的反應啾。
總有一天會找到的啦！
嘿嘿嘿
嗯嗯
我不該關閉電源後就呼呼大睡啾。
沒想到會被偷走啾。
就算是小白也有粗心大意的時候呢。
這個時代的犯罪率雖然大幅下降……
但遺憾的是……
進入22世紀後壞人依然存在。
這樣啊……
那個盒子是什麼啊？
進行時空旅行必須消耗很龐大的能源啾。
所以，必須使用壓縮自然能源製作而成的「超級電池」啾。
可以說是我們23世紀的技術結晶喔啾！

也就是說，如果沒有那顆電池我們就無法進行時空旅行了……。
所以我就無法回到過去……
什麼！
這不是非常嚴重嗎!!
妳現在才理解呀？
快快快，趕緊想辦法！
捏
好痛──啾。
如果Miki不能回到過去的話就糟糕了。
我們的時代肯定又會發生很大的變化。
也許吧！
不過，在那之前有個東西希望讓Miki看一下。
明天一起上街吧！
聖日耳曼號你再去找找看吧！
我知道了啾！
沙
不過，在那之前我需要休息一下、休息一下。
呼──
呼──
今天跑來跑去的啾
小日果然有點粗線條……。
哈哈哈

隔天—
不太有車了在跑呢。
不用每天到辦公室上班，所以電車等公共交通工具特別進步。
喀噠喀噠
咻
那如果想開車旅行時怎麼辦呢？
可以租車啊！
嗯？
哇，好可愛的車。
咻
那是使用氫氣的燃料電池車。
燃料電池車？
是利用存放在車內的氫氣與空氣中的氧氣結合後，產生電力來行走的車。
啊，我有在電視廣告上看過。
咻

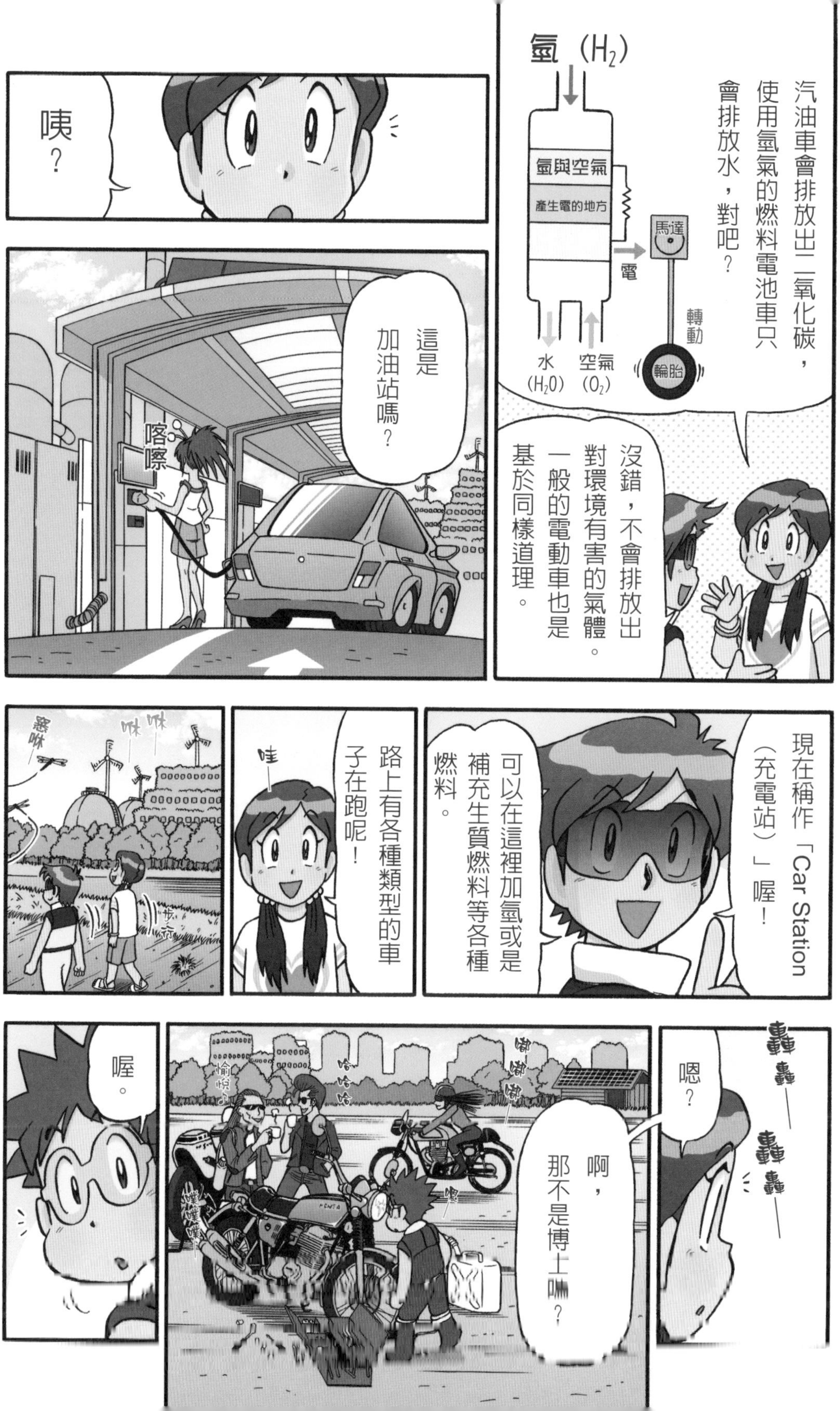
汽油車會排放出二氧化碳，使用氫氣的燃料電池車只會排放水，對吧？
氫 (H_2)
氫與空氣
產生電的地方
電
馬達
轉動
輪胎
水 (H_2O)
空氣 (O_2)
沒錯，不會排放出對環境有害的氣體。一般的電動車也是基於同樣道理。
咦？
這是加油站嗎？
喀嚓
現在稱作「Car Station（充電站）」喔！
可以在這裡加氫或是補充生質燃料等各種燃料。
哇
路上有各種類型的車子在跑呢！
咻
咻
咻
嗯？
啊，那不是博士嗎？
喔。

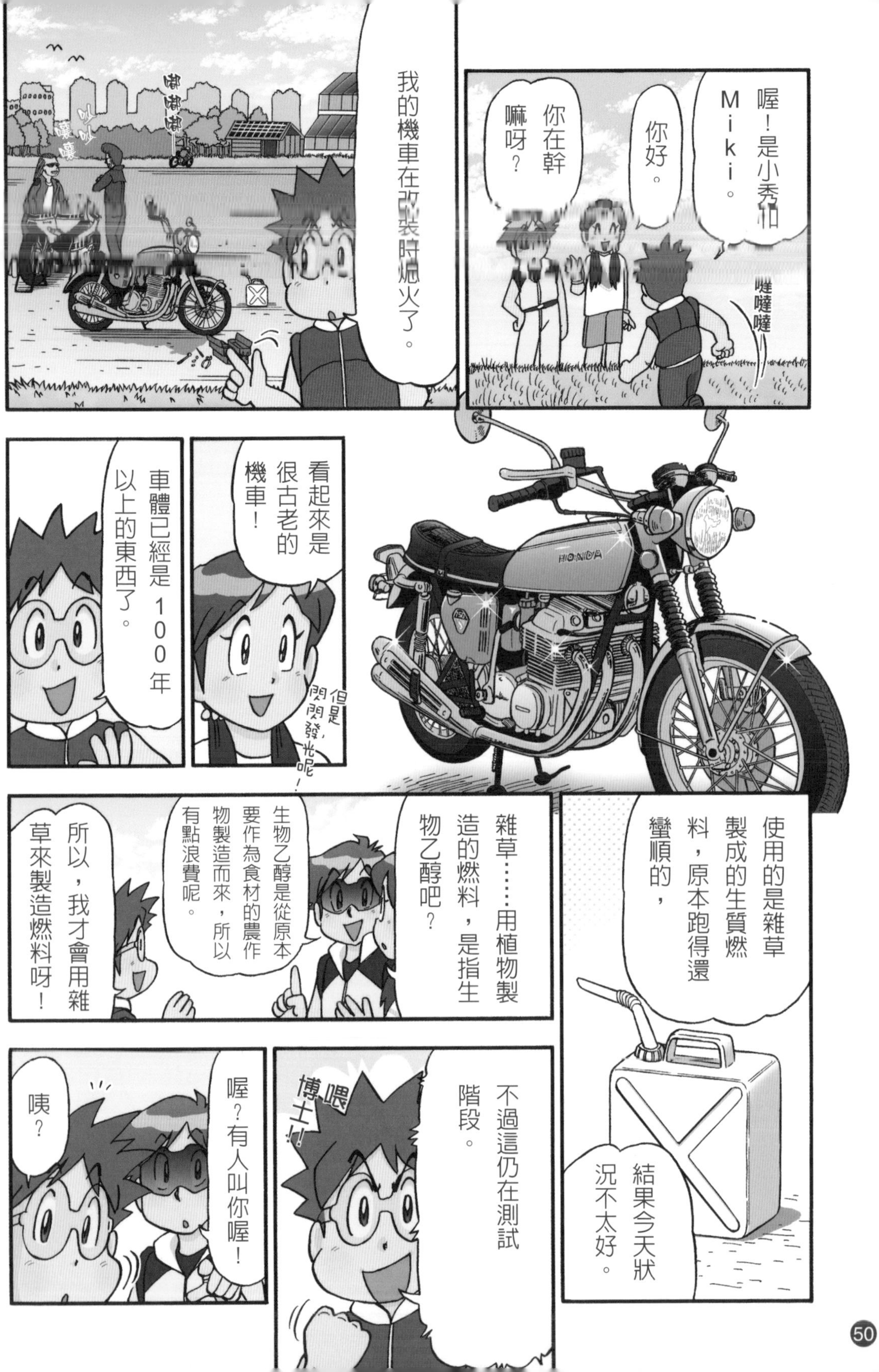
喔！是小秀和Miki。
你好。
你在幹嘛呀？
噠噠噠
我的機車在改裝時熄火了。
嘟嘟嘟
叭叭
嚷嚷
看起來是很古老的機車！
但是閃閃發光呢！
車體已經是100年以上的東西了。
使用的是雜草製成的生質燃料，原本跑得還蠻順的，
雜草……用植物製造的燃料，是指生物乙醇吧？
生物乙醇是從原本要作為食材的農作物製造而來，所以有點浪費呢。
所以，我才會用雜草來製造燃料呀！
結果今天狀況不太好。
不過這仍在測試階段。
喂博士！！
喔？有人叫你喔！
咦？

我來囉～。
是什麼問題呢？
沙沙沙—
現在要去哪裡呢？
步行
去看看我爸爸參與的專案計畫吧！
專案計畫？
我們這個時代有各式各樣的工作型態。
新事物啟動後，如果出現任何問題，就會召集相關人員組成專案小組。
達成目標後就會解散，
現在那裡聚集了各種職業的人們。
小秀爸爸的專案計畫？
燃料電池必須使用氫氣，對吧？
爸爸所參與的就是用育物廚餘產氫的研究計畫。
窸咻—
小秀爸爸的研究所
噗嚕

哇，是廚餘！
在這個地方產氫嗎？
啊，是爸爸。
哎呀，是Miki。
歡迎你們來。
可以用廚餘產生氫氣嗎？
發酵產氫是利用微生物的力量產生氫氣的實驗。
小秀的爸爸是什麼領域的專家呢？
他是微生物研究員，不過並不隸屬於任何一個單位。
哈哈哈，也就是所謂的自由工作者，因為我被微生物給蠱惑了呢！
為了這個計畫，這裡聚集了來自世界各地的研究人員。
海外的成員基本上會從世界各地透過網路參與。
此外，也會頻繁地交換研究計畫相關資訊。
和國外嗎……
語言沒問題嗎？還是說大家都用英文交流呢？

怎麼可能呀!?
當然是透過即時翻譯機。
托即時翻譯機的福，我們可以輕鬆地和全世界交流。
嗟
妳要不要試試看呢……
啪
啪嗶
啵
嚄嚄
熱切
討論
跟員工到公司上班的感覺不一樣呢！
對吧！

這個時代的人們結合了眾人的智慧與能力，
創造出了新事物。
是啊！而且企業或組織之間沒有界線。
沒有人在公司工作了嗎？
還是有喔！
不過，如果是具有專業性知識的人，
就可以將無法在公司裡進行的事情轉為專案計畫。
像是公務員，或是科學家。
那些專案也可以幫助公司發展。
所以，並不是只有一種工作方式。
工作型態非常自由呢！
只要別忘了「向大自然謙卑」的心。
因為經常與大自然接觸，所以大家都知道這一點。
沙

轟隆隆
喀噠
喀噠
這裡是我們這座城市的交流中心。
孩子們如果遇到問題就會上網查詢，透過交流網站
和全世界的朋友交流資訊。
已經無法和小秀你們競爭了呢~。
咻
咦？怎麼了？
……那個能量太過龐大，總覺得有點可怕。
什麼？為什麼？
總之，先把它丟到CHIBA City了。
你說什麼呀？如果我們知道如何使用那樣巨大的能源，就會變成大富翁了！
曾經統治世界的我族就能再度崛起了！
？
Miki？走這邊喔！
嗯。

一字排開～！
這裡就是今天想要帶妳來看的最終目的地。
這些人是誰呀？
都是幫助建立現在永續社會的偉大人物喔！
他們是我們的英雄。
他們在202X年時還是小學生呢。
這些人為我們打造了現今社會的雛形。

然後啊，這裡面還有我的曾祖母喔。
曾祖母？你之前也有提到過呢。
妳看，在那裡。
咦？跟我長得好像呢……
KAKO MIKI
ABE YOKO
ANZAI ERI
YADA YUMI
202X
KAKO MIKI……Miki的話不就是……
我!?
沒錯！Miki也是一名英雄，而且是我的曾祖母！
我是英雄!?

Miki他們當時的日本兒童，以及全世界的兒童們認為「這樣下去地球會很危險」，因此認真地展開行動。
請多多指教
熱切討論
結果，造就了現在這個時代喔！
嗚哇！
只是一個普通的地方活動，竟然與未來有所連結……。
不知為何突然變得很有幹勁了！
所以，無論如何Miki一定要回到原本的時代才行。
Miki那個時代的兒童們幫我們創造了這個時代，讓我覺得好驕傲呢！
謝謝你們。
沒，沒什麼啦……。

找到了啾！
迅速地～
偵查到儲能盒的能量反應了啾！
在哪裡!?
在 CHIBA City 啾！
迅速移動～
因為反應很微弱，只能鎖定在一定的範圍內啾，
但是一定沒錯的啾！
雖然說是在 CHIBA City，但是 CHIBA City 超大的。
只能地毯式搜索了啾。
……CHIBA City !?
剛剛看到的那兩個男生！
他們說因為能量過強，不知道該怎麼辦，就丟掉了！不過可能很值錢，所以會再拿回來！
那些傢伙就是犯人啾！
我們快去抓住他們，
問出他們丟棄的位置。
沒錯啾！
我要和 Mi-I 回到原本的時代啾！

接續第68回

大量的垃圾將毀滅地球!?

大量產生的垃圾（廢棄物）是對資源的浪費，
處理垃圾也會耗費能源，因而造成嚴重的環境問題。

囤積大量垃圾的處理場。 ©PIXTA

大量產生的垃圾

目前日本的家庭以及店家等，一年約會產生4400萬噸的垃圾（一般垃圾），約等於120倍大的東京巨蛋，再加上日本國民每人每天持續產生795g的垃圾，除此之外，還有產業廢棄物，所以其實有更多的東西被捨棄。

一般垃圾可以區分為「可回收」與「不可回收」。「可回收」的垃圾會被運送至工廠進行重製再生，「不可回收」的垃圾則分為可以運送至焚化爐焚燒的垃圾，或是可以就地掩埋的垃圾。雖然透過焚燒可以減少垃圾量，但是每年仍有400萬噸以上的垃圾需要掩埋。

垃圾處理

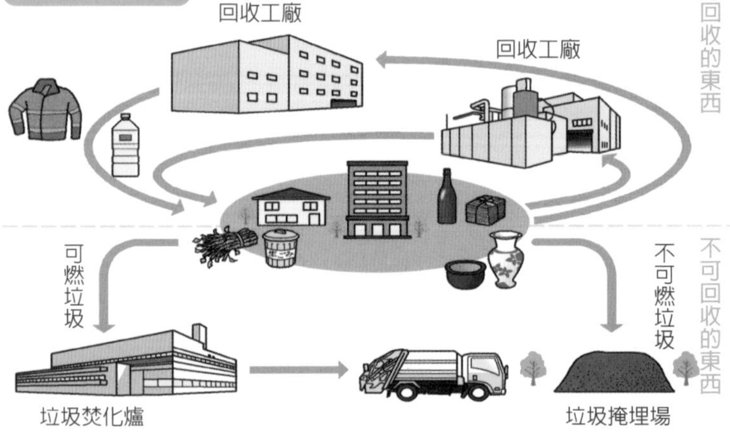

垃圾對環境造成的影響

產生大量的垃圾會對地球環境帶來各種不良影響。

這些成為垃圾的東西原本都是產品或商品，為了製作這些東西就已經使用到許多資源或能源。產生垃圾這件事情本身也會消耗資源或能源，進而對環境造成影響。

處理垃圾時，必須從各地收集、搬運，再送至垃圾焚化爐焚燒或是掩埋，這個過程也會消耗大量的能源。此外，焚燒垃圾時會產生二氧化碳，促進地球暖化。

垃圾掩埋場每年都必須掩埋大量垃圾，恐怕在不久的將來還會遭遇到沒有空間可以掩埋垃圾的情形。以目前的空間而言，預計大約至2040年就會沒有可以掩埋垃圾的空間了。

此外，隨意丟棄垃圾或是非法拋棄都會汙染山林、河川與海洋，導致野生生物難以生存。

如果我們繼續按照同樣的方式丟棄垃圾，地球終將毀滅。

排放二氧化碳

焚燒垃圾會產生二氧化碳，造成地球暖化。

消耗能源

收集、搬運、處理垃圾會消耗大量的能源。

對生物不友善

隨意丟棄的塑膠垃圾等會汙染大自然，損害生物多樣性。

垃圾掩埋場不夠

在不久的將來，將會沒有可以掩埋垃圾的空間。

利用3R達成永續社會！

減少垃圾產生（Reduce）、重複使用（Reuse）、回收（recycle）可以減少垃圾量。這3項行動，稱作3R。

整個社會一起實行3R

3R是讓製造產品的公司，以及使用、拋棄產品的消費者都能夠重視資源、減少垃圾的一個行動概念。

減少垃圾產生（Reduce）是指減少製造產品時的資源以及垃圾量。包含製造出能夠長時間使用的產品，並且能夠統整、提供可供修理的零件等。

重複使用（Reuse）的意思是能夠重複利用已使用過的產品或零件等，包含不更換容器，只是補充內容物等。

回收（recycle）是將被捨棄的物品有效再利用為材料或是能源。透過回收紙類、鋁罐、寶特瓶等，可以更有效地利用資源，減少生產過程中的消耗。

3R範例

我們可以做的事情非常多呢！

減少垃圾產生（Reduce）

利用腳踏車共享服務。

開發可以長期使用的產品。

回收（recycle）

協助金屬罐、報紙、寶特瓶等資源回收。

罐

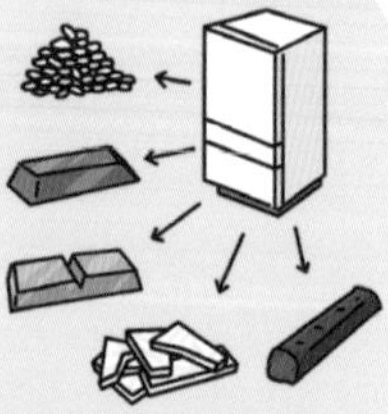

製造一些零組件容易回收的產品。

重複使用（Reuse）

轉贈、接收他人衣物，或是透過跳蚤市場購買，讓衣物能夠被積極地重複使用。

瓶

回收已使用完畢的產品或是容器後，再次使用。

注意生活常見的3R

重新檢視我們的日常生活，就可以開始進行3R運動。如果有很多人注意到3R、選擇對3R活動友善的產品，即可達到垃圾減量、解決因垃圾所引發的諸多問題。

這樣一來，就可望實現永續社會。

將不再使用的東西讓與他人。

購物時，自行攜帶環保購物袋。

根據「家電回收法」將家電送至可回收的據點。

拒絕使用會立刻成為垃圾或是無法再使用的物品。

選擇資源再生的產品。

分享自己不常用的東西（共同使用）。

選擇可以重複補充的產品。

購買貼有環保標章的產品

對環境友善的產品或包裝上，通常貼有「環保標章」。選擇貼有環保標章的產品，可以幫助我們守護環境。環保標章，可分為生態標章（ECO LABEL）與綠色標章（GREEN LABEL）等。

此外，購買產品或服務時，儘量選擇對環境友善的產品，又稱作「綠色採購」。日本在2001（平成13）年所實施的《綠色採購法》明定國家、公共地方團體、國民在購買紙類、文具、汽車等產品時，負有購買綠色商品以及進行相關努力的義務。

貼有生態標章的文具。

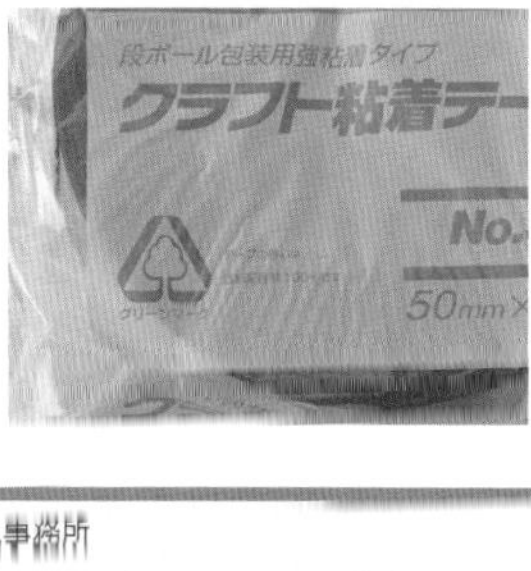

貼有綠色標章的膠帶。

攝影：金子寫真事務所

如何減少糧食耗損？

被捨棄的垃圾中，還有能夠食用的食物，造成糧食耗損的問題。我們該如何減少糧食耗損呢？

減少糧食耗損的行動

以先進國家而言，經常會大量拋棄一些還能夠食用的食品。日本也有很多糧食耗損的情形（→第一冊 p.74～75）。

日本國內能夠供應的食物原料其實很少，僅約40％，大部分的食品原料必須仰賴進口，而那些透過船舶、飛機等使用能源運送而來的食品原料，又有很多會因為沒有食用完畢而被拋棄。因此，增加了許多垃圾。

為了解決這種狀況，日本政府、地方公共團體致力於削減糧食耗損問題，遂於2019年（令和元年）制定了「降低糧食耗損相關法律」（《食品耗損削減推動法》），對包含企業、零售業、餐廳等在內，欲傾全國之力來解決這個問題。

減少糧食耗損的行動

重新調整食品業界的運作模式

如果將賞味時間分成三階段，食品業界通常會在賞味期限的前三分之一進貨，並且只會在店內停留三分之一的時間。由於這個部分會影響到糧食耗損，所以我們必須改變這個運作模式。

在期限之前無法出貨的食品會被捨棄

在期限之前無法販售的食品會被退貨

在餐廳等處呼籲大眾

呼籲大眾減少聚餐時的食物浪費。

福岡縣

使用能長時間保鮮的容器

使用可以長時間幫助醬油等食品保鮮的容器。

開封後可冷藏保存約 30 天　開封後可常溫保存約 90 天　開封後可常溫保存約 120 天

YAMAZA 醬油股份有限公司

減少糧食耗損的食物銀行活動

食物銀行（Food Bank）活動是將接近賞味期限而即將被捨棄的食品、食物分送給需要食物的機構或是人們的一種活動。「Food」就是「食物」，「Bank」就是「銀行」，就像銀行匯集大量的金錢，再將金錢借貸給需要資金的公司或是人們一樣，意思是把食物分發到需要的地方。

透過「食物銀行活動」，我們能夠減少糧食耗損、守護環境，幫助有食物需求的人們。

在家庭內減少糧食耗損

有將近一半的糧食耗損來自於家庭，因此我們可透過改變食品採買行為、保存方式、料理方法等減少糧食耗損。

此外，因為有製造食物的人、運送的人、料理的人等存在，我們才得以享用每天的餐飲。別忘了要對許多人表達感謝，這樣一來我們會更懂得要珍惜食物！

食物銀行活動架構

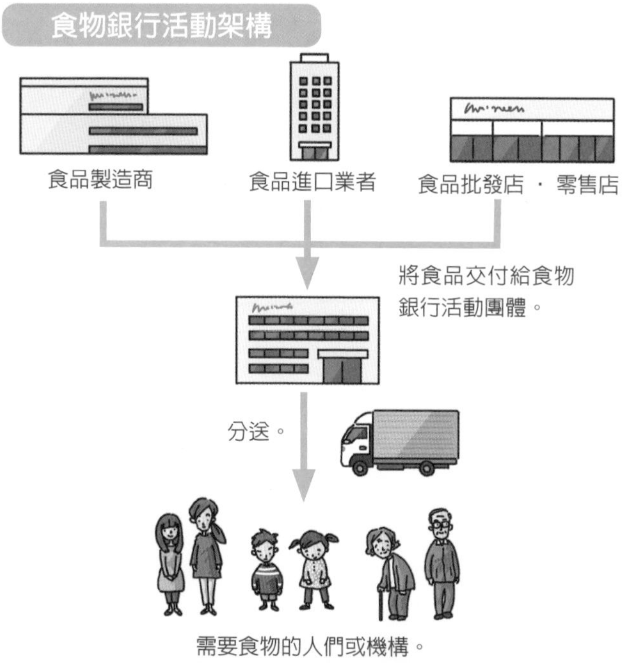

進行食物銀行活動的團體，正在進行分包發送作業。

食物銀行 IKOR（愛奴語「寶物」的意思）札幌

馬上要吃的話，就購買接近賞味期限的食品。

不過度採買食物。

給予充裕的時間用餐，減少食物剩餘。

[illegible]或是冷凍庫內存放的食物。

在塑膠垃圾下守護生物

塑膠垃圾可能會成為生物的死因、損害生物多樣性。因此，必須要有能夠減少塑膠垃圾的方法才行。

減少塑膠垃圾的方法

長時間無法分解的塑膠垃圾，會在自然界中停留很長一段時間，造成生物們的危害。特別是變得細小的塑膠微粒會汙染海洋、汙染魚類，甚至被攝取至人體內（↓第一冊p 76～77）。因此，我們必須採取塑膠垃圾減量行動才行。

其中一種行動是減少塑膠的使用量。2020年（令和2年）開始，日本超市與便利商店等店舖的塑膠袋開始要收費，目的就是為了減少被當作垃圾丟棄的塑膠量。

除此之外，也持續開發可以利用微生物進行分解的生物可分解塑膠，甚至還有將原本以塑膠製成的產品改用紙類製作等的方法。

生物可分解塑膠

生物可分解塑膠是利用土壤或是海水中的微生物，將塑膠分解為二氧化碳與水。照片中即是生物可分解塑膠製作而成的寶特瓶。

日本生物塑膠協會（JBPA）

初始狀態　14 天後　24 天後　42 天後

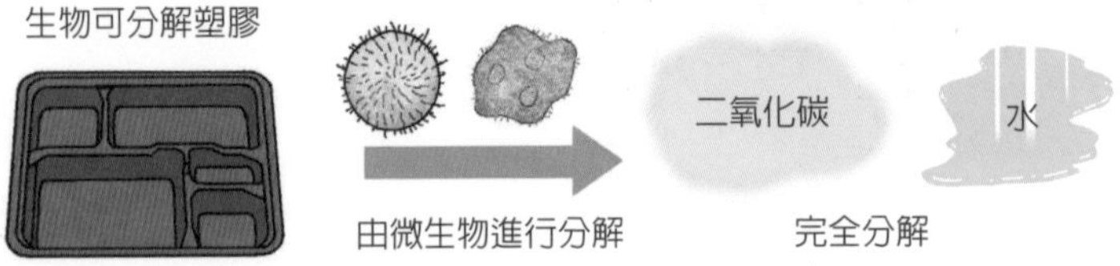

可取代塑膠的材料

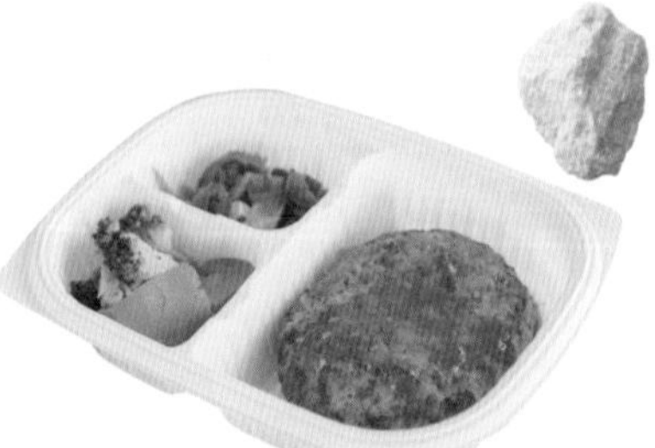

將石灰石作為主要原料的新材質便當容器。

TBM 股份有限公司

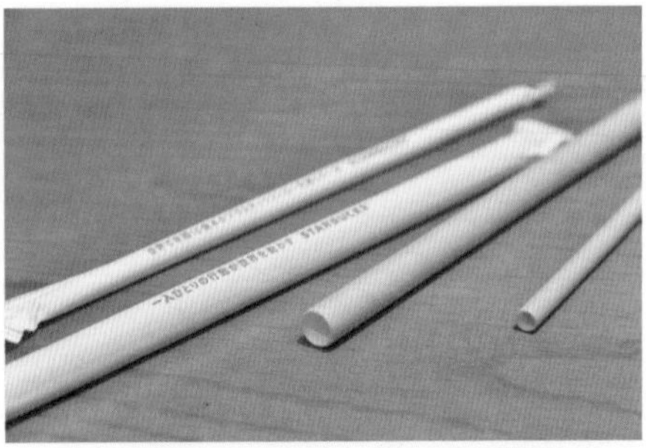

越來越多的咖啡連鎖店開始將塑膠吸管改為紙吸管。

STARBUCKES JAPAN 股份有限公司

善用塑膠智慧解決方案

不要使用那些用過即丟、長時間無法分解的塑膠等物品，聰明地與塑膠和平共處是非常重要的事情。日本環境省為了支持、推動這些活動，實施了「塑膠智慧解決方案（Plastics Smart）」。

在官方網站中廣泛張貼相關活動訊息，包括參與撿拾垃圾活動、使用環保購物袋或環保杯等的行動與理念。

Plastics Smart　塑膠智慧解決方案 LOGO

日本環境省

塑膠智慧解決方案案例之一。目前世界上約有 20 萬個地方提供可免費加水的「mymizu（我的水）」服務，藉此減少寶特瓶與二氧化碳排放，用簡單易懂的方式告訴大家減碳的概念。

一般社團法人 Social Innovation Japan

淨灘活動

各地都有發起在海邊撿拾塑膠垃圾，避免塑膠垃圾流入海洋、讓海邊變乾淨的活動。

日本環境省與日本財團將每年 5 月 30 日（零垃圾日）至 6 月 5 日（環境日）、6 月 8 日（世界海洋日）前後期間訂定為「春季零海洋垃圾週」，9 月 18 日（World Cleanup Day）至 9 月 26 日則訂為「秋季零海洋垃圾週」，舉辦全國共同的淨灘活動。

海ごみゼロウィーク
UMIGOMI Zero WEEK

參與「零海洋垃圾週」淨灘活動的人們。　日本財團

將回收而來的塑膠再利用

試著將從海洋或是海邊回收而來的垃圾，作為資源重新再利用。

日本長崎縣的對馬島，每年約有 2 萬立方公尺來自日本國內與海外的垃圾流入，可回收約 2600 立方公尺的塑膠垃圾。將其作為原料，開發製作成為原子筆的筆桿或是便利商店的購物籃。

PILOT 股份有限公司

用海洋塑膠垃圾製作成筆桿的原子筆。

將海洋塑膠垃圾當作材料，製作而成的購物籃。

FAMILY MART 股份有限公司

第3章 從未來到現代，再展望未來—
咻——
搖搖
晃晃
啾啾
啾啾
嗶嗶
進入 CHIBA FUNABASHI 地區啾。
咻——
那些傢伙應該是搭出租車吧。
沒錯，就讓我們朝 CHIBA City 前進吧啾！
TARGET

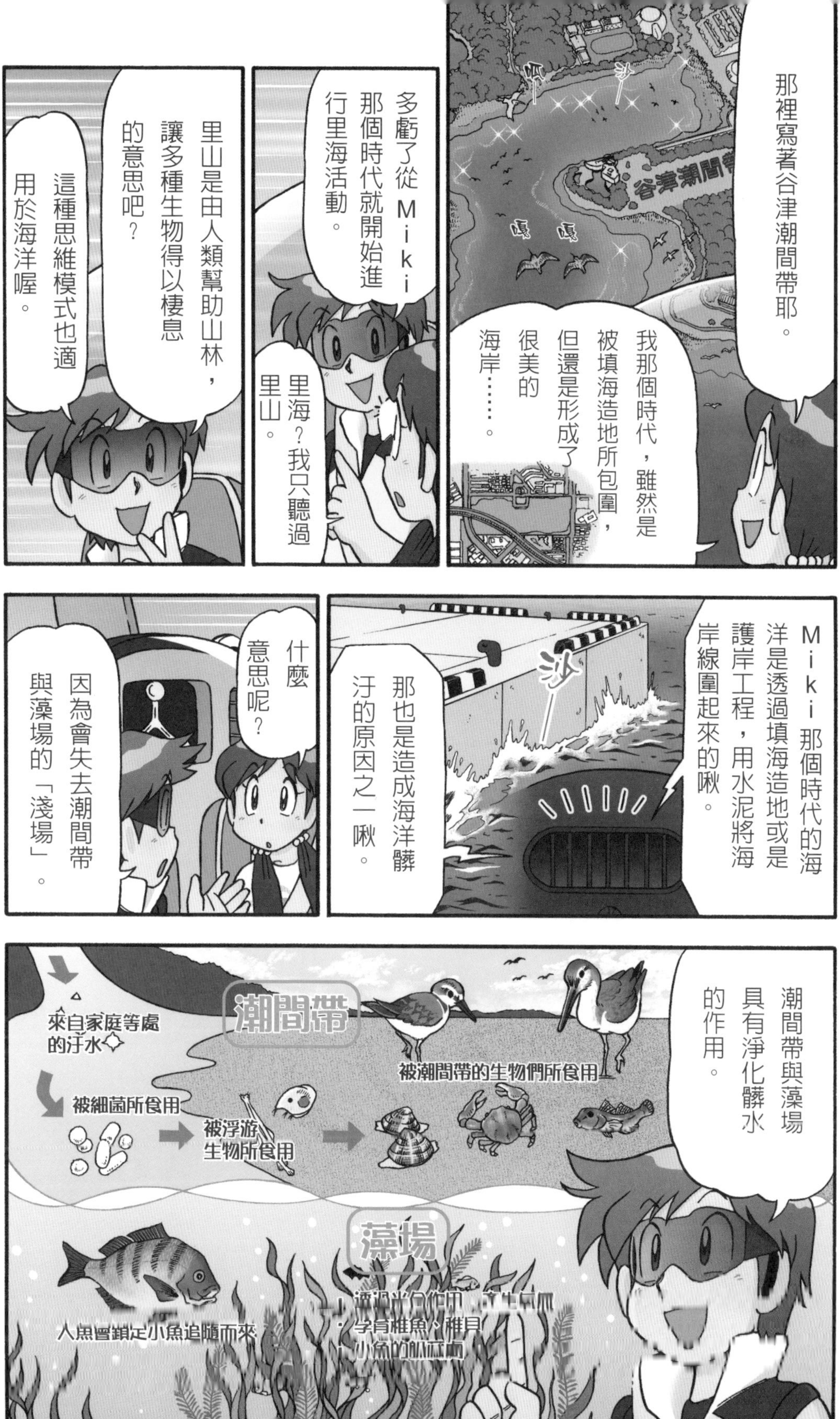
那裡寫著谷津潮間帶耶。
谷津潮間帶
沙
嘎 嘎
我那個時代，雖然是被填海造地所包圍，但還是形成了很美的海岸……。
多虧了從Miki那個時代就開始進行里海活動。
里海？我只聽過里山。
里山是由人類幫助山林，讓多種生物得以棲息的意思吧？
這種思維模式也適用於海洋喔。
Miki那個時代的海洋是透過填海造地或是護岸工程，用水泥將海岸線圍起來的啾。
沙
那也是造成海洋髒汙的原因之一啾。
什麼意思呢？
因為會失去潮間帶與藻場的「淺場」。
潮間帶與藻場具有淨化髒水的作用。
潮間帶
來自家庭等處的汙水
被細菌所食用
被浮游生物所食用
被潮間帶的生物們所食用
藻場
大魚會鎖定小魚追隨而來
孕育稚魚、稚貝

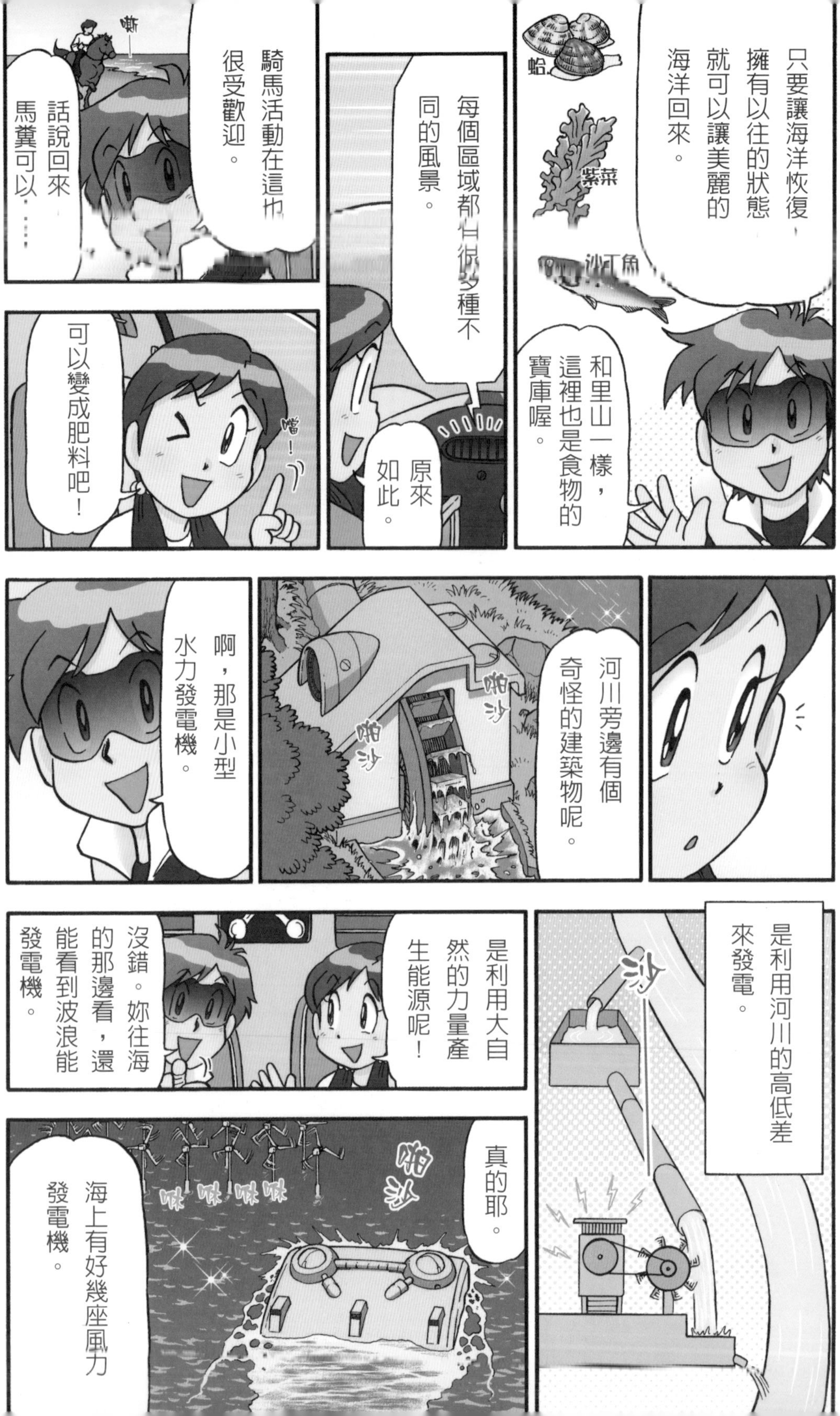

只要讓海洋恢復擁有以往的狀態就可以讓美麗的海洋回來。
蛤
紫菜
沙丁魚
和里山一樣，這裡也是食物的寶庫喔。
每個區域都有很多種不同的風景。
原來如此。
嘶
騎馬活動在這也很受歡迎。
話說回來馬糞可以……
可以變成肥料吧！
噹！
河川旁邊有個奇怪的建築物呢。
啪沙
啪沙
啊，那是小型水力發電機。
是利用河川的高低差來發電。
沙
是利用大自然的力量產生能源呢！
沒錯。妳往海的那邊看，還能看到波浪能發電機。
真的耶。
啪沙
咻咻咻咻
海上有好幾座風力發電機。

像那樣在各個地區設置發電機，就能夠儲備能源。
然後再試著挑戰聚集各個微小力量，補充當地所需的電力。
現代
小秀的時代
在分散的小型集合體當中進行電力交易。
自然
城市
現代
農地
小秀的時代
嘿嘿
只要在每個地區進行小型的循環，就可以達成目標了。
咻
不過，也可以透過網路和全世界連接在一起。
原來如此。
咻
嗡
嗡
咻咻
哞
沙沙
找到了啾！就是那部車啾!!
咻
找到了嗎!?
我絕對會抓住他們的啾！

喔！
隆隆隆隆——
嘰
嘰
嘰
那，那部車追來了～！
什麼!?
閃
!
疑！
那是什麼!?
這速度！
我們這部車是逃不過的！
啾啾
啾啾
啾
啾
啾——！！

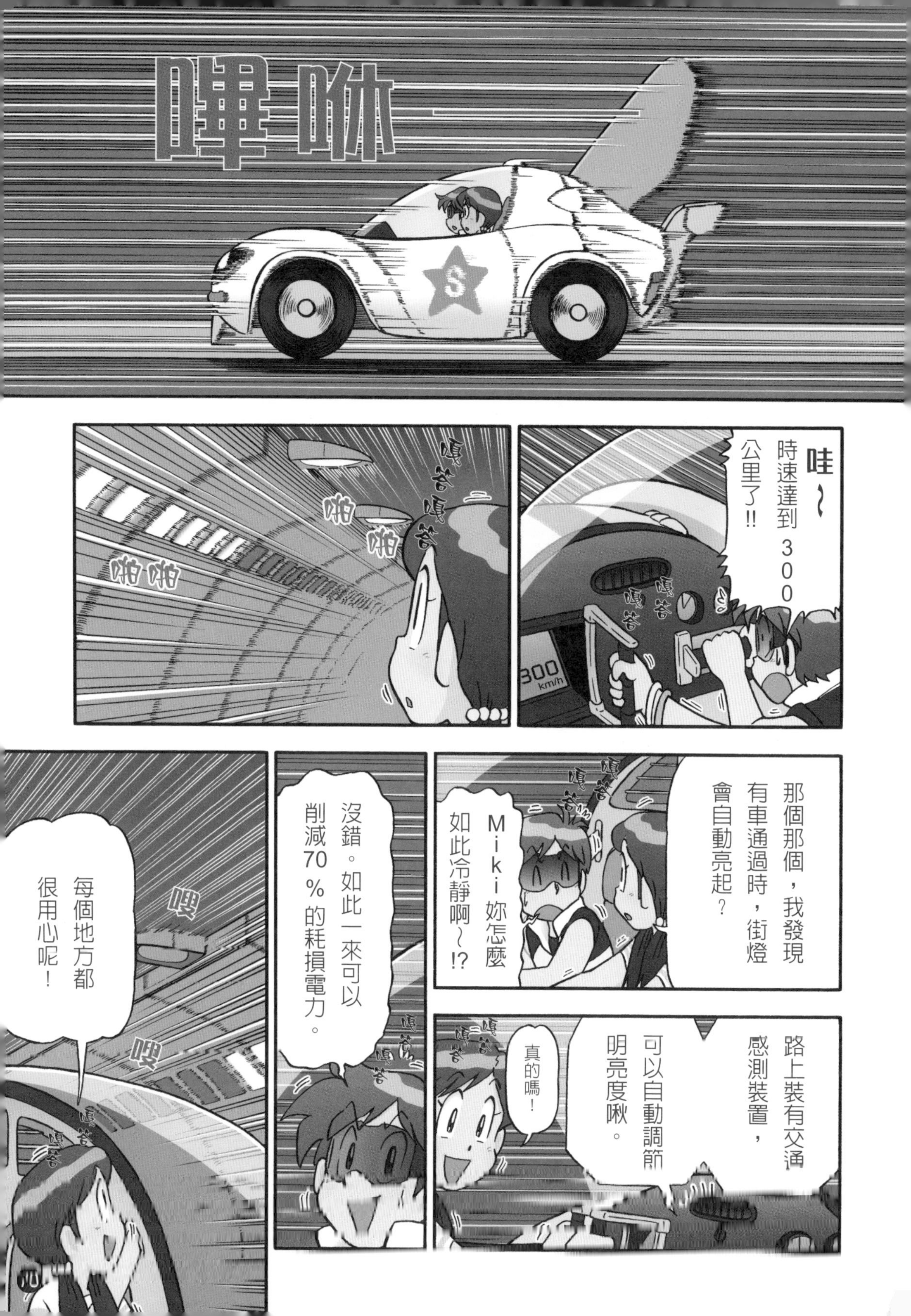

嗶咻
哇～
時速達到300公里了!!
喀答喀答
喀答喀答
啪
啪
啪啪
那個那個，我發現有車通過時，街燈會自動亮起？
喀答喀答
Miki妳怎麼如此冷靜啊～!?
路上裝有交通感測裝置，可以自動調節明亮度啾。
真的嗎！
喀答喀答
沒錯。如此一來可以削減70%的耗損電力。
喀答喀答
嗖
嗖
每個地方都很用心呢！
喀答喀答

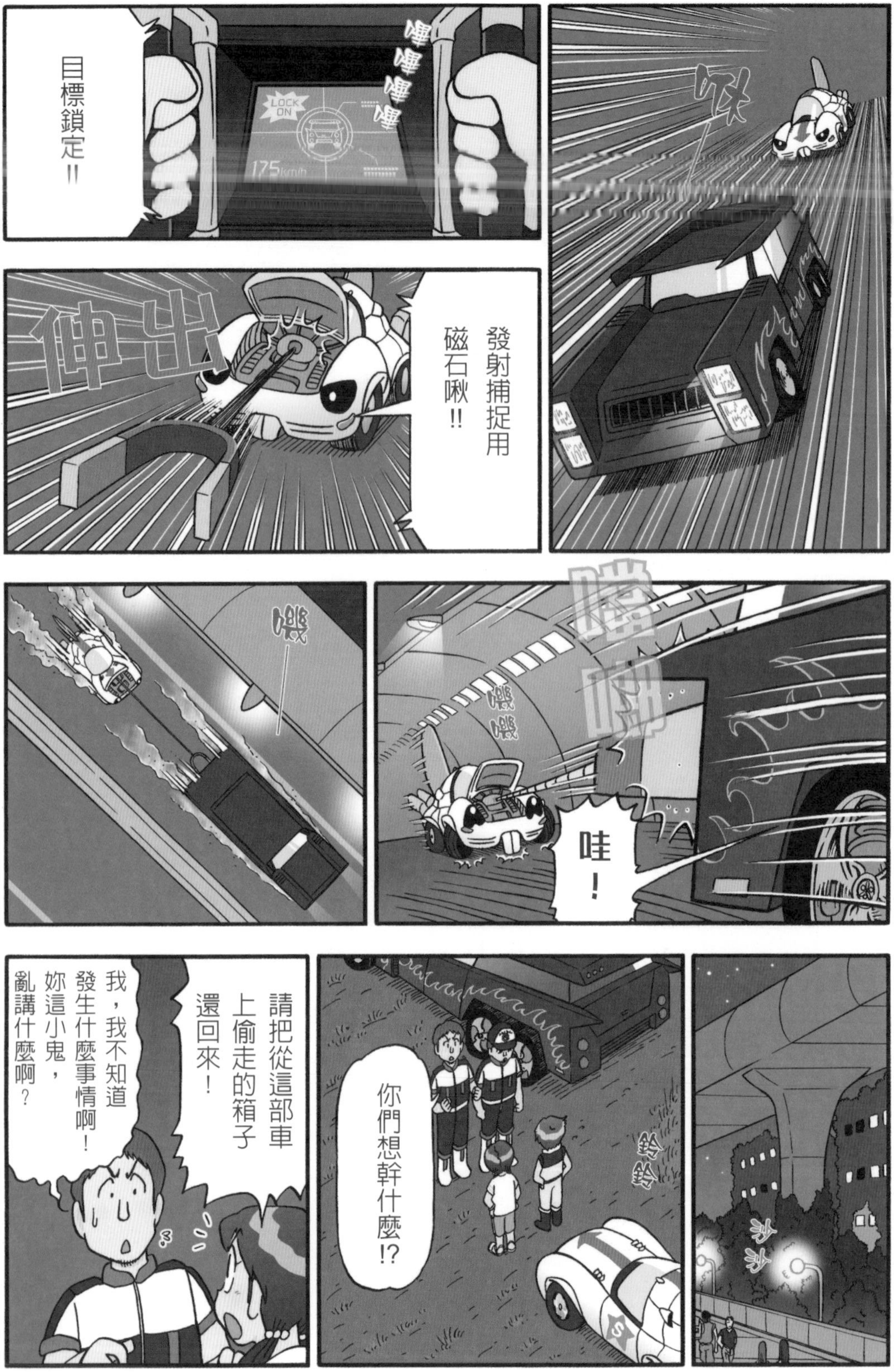
咻
嗶嗶嗶嗶
LOCK ON
175km/h
目標鎖定!!
發射捕捉用磁石啾!!
伸出
嘰嘰
哇!
嘰—
沙沙
鈴鈴
你們想幹什麼!?
請把從這部車上偷走的箱子還回來!
我,我不知道發生什麼事情啊!妳這小鬼,亂講什麼啊?

我不認為你們有辦法免費帶走它！
喀啦
喀啦
……聖日耳曼號！我們該怎辦才好？
是呀啾！
什麼!!
車子講話了!?
變身——!!
縮
勇往直前
好可怕！
啪踏
汽車竟然變成了一隻小老鼠——!!
快點告訴我藏匿箱子的地點啾！
這隻老鼠竟然還可以說話！
AKISHI
暈~~
癱軟…

喂喂喂，突然暈過去了！
嘿嘿♪
搞不好這是最佳時機啾。
扭動
蹦出
癱軟…
癱軟…
這是在幹什麼？
嘿嘿♥
扭動
扭動
我要從他們大腦中找出藏匿地點的資訊啾。
哇~不愧是超未來的技術。
嗯嗯，好了！
嘿嘿♪
我知道盒子藏在哪裡了啾。
咻—
咻—

咻
那幾個人應該還會記得我們吧？
沒問題嗎？
嘿嘿！
剛剛他們已經嚇過頭，應該記不得了啾。
別擔心 別擔心♪
你們不要再做那樣的事了！
嗯。
咦？……為什麼我們兩個會在這裡呢？
左顧
右盼
CEIC CHIBA CITY
環境資訊中心
咻
咻
咻
嚷嚷
吵
討厭～遇到麻煩了。
能源外洩了啾。
連一次時空旅行都無法進行嗎？

即使擁有23世紀的技術，時空旅行仍然需要巨大的能源啾。
那能源的量可是非常……，
……這個時代該不會沒有發電機吧？
你說對了啾。
……糟糕了。
怎麼會……
嗯……。
……。
啊！
組成專案小組呀！
咦？
如果我們幾個想不出來的話，
那就組成專案小組，募集獲取能源的想法吧！

對喔！
透過網路，
從全世界募集資訊，
或許就可以解決問題呢！
就這麼決定，那我們就趕快回到城市吧……，
沒必要回去啦啾！
咘～～
轉出
INTERNET
只要使用我內建的網路就好啦啾。
……我已經不會被你嚇到了喔。
INTERNET
扭
扭
嘿嘿！
只希望你們能夠幫我保密，
我是來自23世紀的機器人啾。
因為我所居住的23世紀現在可能已經有了很大的改變啾。
嗶啵啪
熱切
討論

……或許這件事情處理起來意外地簡單。
結果，我的想法竟然和這個時代一致呢！
咻
也就是說，即使一臺發電機的發電量非常微小，組合起來還是能夠讓整個城市運作！！
啪沙
如果我們能夠從各地的發電機稍微分到一點能源，
進行充電就好了呢！
只是，現在這個時代已經沒有電線了，
無法從全世界把電傳到這個地方……。
嘿嘿♥
這種等級的飛行能源，只有超級電容（Supercapacitor）能夠做得到啾。
可以請它們一點一點地分給我們啾。
Miki！一起去試試看吧！
放著聖日耳曼號單獨在這裡的話，恐怕還會再發生什麼事呢！
嗶
在這個時代裡環遊世界吧！

小秀，謝謝你！
我去去就回！
變身!!
嘰
嘎
嘎
那麼，我們就快速去繞一圈世界囉啾。
嘰
嘰
路上小心。
咻
咻

豔陽高照——
嘰嘰
喳喳
嘰嘰
喳喳
嘎嘎
啪沙
咻
嗶嗶
ENERGY
100%
太好了！
充電完成！
哈哈哈
哇
咩

咻
我們回來了！小秀。
哇！你們真的好快就回來了！
這樣就可以平安回到Miki的時代了啾。
嘎
Miki來跟小秀道別吧啾！
咻
曾祖母……不，Miki！
那麼，就期待Miki時代的孩子們好好表現囉!!
謝謝你，小秀！
我學到了很多，現在非常有信心喔！
伸
握
我也因為Miki的關係，找到了自己想走的路……
咻
我決定要開始學習……

「環境問題」！
你越來越清楚自己想走的路了呢！
接下來我還要學習更多東西，
為了讓這個時代變得更好，我要努力克服環境問題！
好了，我們準備要回Miki的時代了啾！
啾喔喔喔
如果Miki不是曾祖母的話，我就……。
咦？什麼？
喔
喔
我會努力的！
……哎呀，沒什麼啦！

咻
啪！
不愧是和小助有血緣關係的人啾。
熱淚盈眶
但這份戀情絕對不會有結果的。
什麼？
咻
啾
202X年——
叩叩叩
咘
閃閃
小秀，你好嗎？
在那之後，我也非常努力。
寫寫
持續一步一腳印地節約能源。
喀嚓
也有在撿拾垃圾。

各個地區也有設定永續目標，進行回收工作。
保麗龍盤丟這裡喔♪
OK
冰棒工廠
這種樹木……
原來如此呀
我還去向製造商建議，可以就近利用附近山林的樹木製作冰棒棍。
小學生們進行自然觀察時，
增加在同一個水系裡的青鱂魚吧！
看我的！
在那裡！
已經可以看見地區內原有的青鱂魚或是獨角仙等生物了。
在調查不同季節下，生物各種不同的活動，
為什麼綬草會這樣繞圈圈地生長呢？
嗯哼♥
在這過程中發現到大自然不可思議之處，往往令我感動不已。
我的朋友已經確定志向，未來想要發明跨世紀的太陽電池。
喔！
就來做這個吧！
太陽電池のしくみ
你的每一項行動都會對未來造成影響，
嘻咻
哈哈哈♪
哈噗
這句話非常鼓舞人心喔！
現在雖然還不知道未來會變成什麼模樣？
呼……
但是我想一定、一定會變得更美好吧？

我想這封信就寫到這裡。
再請小秀努力把這些理念傳遞給下一世代喔！
終於寫完了。
喀躂
喀躂
喀拉喀拉
小日似乎拚命在滾輪跑步，想要藉此幫能源箱充電，
喀拉
喀拉
喀拉
喀拉
這封信大約什麼時候會寄到呢？
滾輪充電器
聖日耳曼號堅持要用自然能源發電！
嘿嘿♡
100年後……
差不多就是22世紀吧？
這樣我寫這封信就沒意義了呀!!

（完）

良心消費能夠守護地球!?

當我們購買、消費產品或是服務時，留意良心消費有助於實現永續社會，良心消費是指哪些事情呢？

何謂良心消費？

「良心消費」具有「道德立場正確」的意思。選擇對環境、社會、地區等而言有益的商品，再進行消費，即是「良心消費」。這部分會與SDGs中「12責任消費與生產」有所關聯。

製造農作物、工業產品時要注意不能浪費資源或是能源、不損害生物多樣性等、特意選擇考量守護環境的商品等，就能夠一起守護地球。

此外，不僅是環境，考量社會問題也是很重要的一件事。選擇的基準是非聘僱童工、非以不當低薪聘僱所製造出來的產品，以及是否有與開發中國家進行正常交易（公平貿易）等。

良心消費

考量環境的消費

是否為可回收產品。
是否使用考量環境保護的材料。
是否會對生態系造成影響。

考量地區的消費

是否為當地特產。
是否有助於活絡地區發展。

考量人與社會的消費

是否為正當交易。
是否無性別差異（gender-free，因性別而遭受差別待遇）。
是否對社會有益。

支持良心消費的企業？

進行ＳＤＧｓ的企業，製造產品時會特別注意到良心消費這件事情。

例如不使用對環境有害的化學成分、使用可以從大自然取得的材料製造衣服、藉由永續農法栽種農產品等。企業生產出這樣的產品後，消費者再積極地選用，不但可以增加企業的利益，還能促進社會經濟成長，在經濟成長的同時也能守護環境，實現永續社會。

大家都留意良心消費的話，就能夠實現永續社會啾。

可以補充添加的商品

積極銷售可以補充添加的商品，能夠減少二氧化碳排放量。

補充
補充

花王股份有限公司

無標籤飲料

以箱購為單位的飲料，不特別貼標籤，可以減少塑膠垃圾，也能夠在分類回收時，省去還要撕除標籤的麻煩。

2022 年 三得利食品股份有限公司

牙刷回收

回收使用過後的牙刷，將塑膠再次利用、製作成花盆。

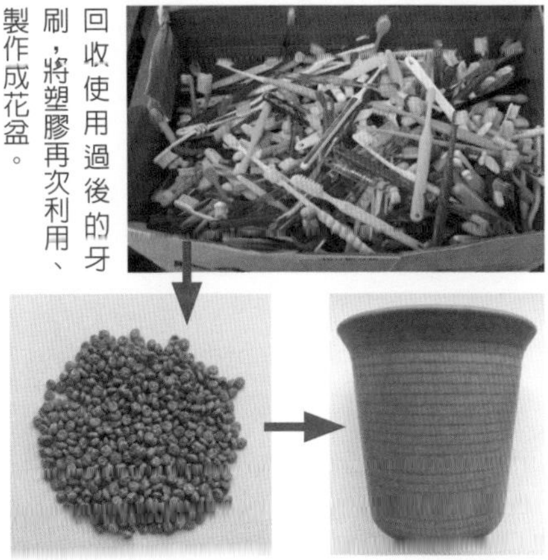

LION股份有限公司

減少糧食耗損

在便利商店用電子錢包購買即期御飯糰等食品，即可累積紅利點數等，致力於推動減少糧食耗損相關活動。

7&I控股公司

從自己做得到的事情開始吧！

生活在地球上的每一個人都必須思考如何守護環境、守護地球。有很多我們自己就能做得到的事情。

日常生活中有很多我們做得到的事情

SDGs與所有事情都息息相關。因此，我們日常生活中遇到的事情其實都與實現永續社會目標相關。

吃飯時，注意不要有剩菜剩飯。房間內如果沒有人在，記得關掉電燈。要丟棄東西前，想一想還有沒有其他可以用到的地方。有意識地思考這些事情，就能夠做出一些對環境友善的行動。

雖然說要守護環境，但其實並不需要擺出一定要特別做些什麼的樣子。只要稍微改變意識，就能夠採取對地球友善的生活方式。從自己做得到的事情開始就好。然後，進一步影響身邊的人們，並且擴大這些行動。

進行垃圾分類，不要把還可以再利用或是回收的東西當作垃圾。

珍惜電、水、紙等資源。

選擇在地食材。

攜帶環保購物袋、環保筷、環保杯、環保吸管等。

還可以修理的東西，維修後繼續使用。

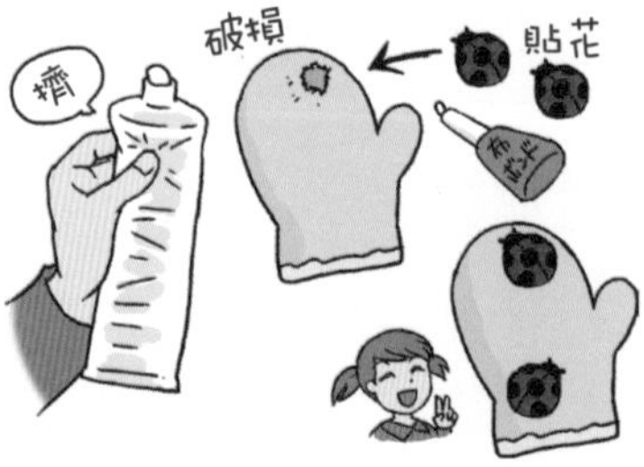

還可以使用的物品，物盡其用。

有很多可以參加的活動

有很多針對環境問題的相關活動會由國家、地方公共團體、NPO（非營利組織）、企業、學校等單位舉辦。

像是街道與海岸的清潔活動、植樹、自然體驗、打造群落生境（biotope）等鼓勵兒童或是親子參與的活動，有興趣的話都可以試著參加看看。

此外，各地方也會有守護地方環境活動的社團，有時也會有能夠讓孩子們參與的活動。甚至，還會幫忙收集「因寫錯而未寄出的明信片」再送至海外的自然守護活動團體。

正在進行地區清潔活動的孩子們。

公益財團法人 日本環境協會 兒童 eco club 全國辦事處

依循正確知識

關於環境問題，其實有各種不同的思考面向，依循不同的數據往往會產生不同的結論。此外，透過網際網路，我們可以快速獲取各式各樣的資訊，但是其中也會混雜一些毫無根據的資訊。

請從大量資訊中找出正確的資訊，並且在聆聽各式各樣的意見後，重新思考一下自己又是怎麼想的呢？

珍視「浪費」的情緒

日本自古以來就有「勿體無し（感嘆東西失去原有面貌，引申為浪費）」一詞，用來表示應該要珍惜物品的心情。然而，全世界並沒有一個詞彙能夠完全符合「勿體無し」這個意境。來自肯亞、首次以非洲女性之姿獲得諾貝爾和平獎的萬家麗・瑪阿塔伊（Wangari Muta Maathai）女士曾表示在日本聽到該詞彙後覺得非常感激，進而想要將該詞彙的概念宣傳至全世界。

正在種樹的萬家麗・瑪阿塔伊小姐。 Uynel Photo

守護地球環境的職業

有許多與環境相關的工作。等我們成年後也可以投入守護地球環境的相關工作。

自然保護官

在國立公園工作的環境省職員，會進行巡邏、動植物調查、發送大自然現況資訊、整頓步道等公共設施等工作。

環境省

自然嚮導

規劃與引導民眾在山林、河川、海洋等野外環境中得以安全、開心地玩樂。

日光自然博物館

環境研究人員

針對各種環境問題，研究原因與因應對策。

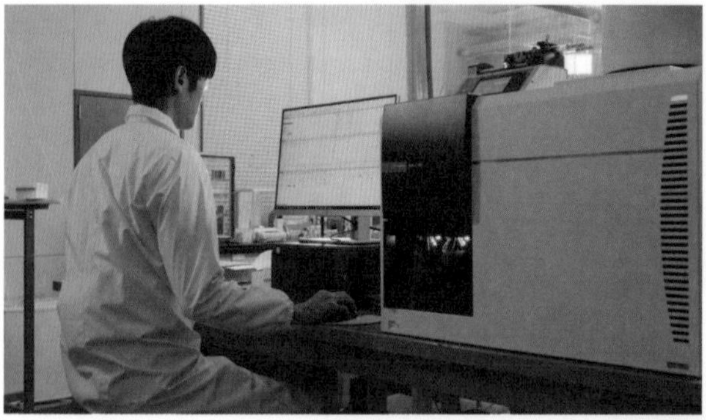
國立環境研究所

樹木醫生

維護、診斷、治療街道樹木或屬於天然紀念物等文化資產的樹木，是必須取得相關證照才能進行的工作。

Tamenaga造景股份有限公司

環境顧問

針對政府機關、民間企業、各個團體所需，制定環境相關的企劃案、改善方案等。

都市環境整頓股份有限公司

群落生境管理師

守護地區的自然生態系，負責復育、打造出該地區原有的多樣性自然環境。

日本生態系協會 公益財團法人

環境評估調查員

在進行道路開發、工廠建設等大規模工程前，進行對環境影響的調查、預測與評估。

都市環境整頓股份有限公司

氣象預報員

以預測天氣為業的民間公司，會解說天氣資訊、進行特定地區的天氣預報。

2022 年 WEATHER NEWS

解說員

透過大自然學校或是自然觀測營隊等方式，傳遞大自然美好的導覽員。

自然教育研究中心

兒童環境管理師

協助兒童增加與大自然接觸的機會，培養兒童感性與關懷大自然之心。

公益財團法人日本生態系協會

環境研究之道

隨著環境問題日益受到重視，出現許多從各種角度思考環境問題的教育機構。

大學中還設有環境學系、環境系統工程學系、環境設計學等科系。此外，一些日本的專門學校也會從動物、海洋、氣象等各種面向來研究環境議題。

未來如果想要進行環境問題相關研究，也可以考慮這些職業方向。

東京都市大學環境學系的學習活動。 東京都市大學

套書索引

高月紘老師的話

在過去的兩年裡，全球爆發嚴重特殊傳染性肺炎（COVID-19），疫情非常嚴重。

那麼，接下來，我們該如何在後疫情時代中繼續前進呢？當然，我們必須擺脫過去那種資源和能源浪費型的社會。因此，綠色復甦（green recovery）這件事情開始受到重視。也就是說，是一種重視環境型的復興計畫。具體舉幾個關鍵字，像是脫碳社會、推動SDGs、維護生態系、在因應感染症防治方面的公共衛生是否完備等。

我們曾提到從江戶時代學習到的循環型社會、里山生活的運用等都是綠色復甦的一環。然而，更重要的是，負擔未來世界的年輕人們必須運用自己的思考與付諸行動，才能開創未來的社會。這個部分形成了本書的主軸，你我現在的行動將會改變未來的社會。透過這些綠色復甦行動，我想我們就能夠真正實現永續社會。

插畫為高月紘老師作品

參考書籍・資料

環境省編，《令和3年版　環境白書》
国立天文臺編，《第６冊　環境年表2019－2020》，丸善出版
池上彰監修，《世界がぐっと近くなる　SDGs とボクらをつなぐ本》，学研プラス
九里徳泰監修，《みんなでつくろう！サステナブルな社会未来へつなぐ SDGs》，小峰書店
池上彰監修，《ライブ！現代社会2021》，帝国書院
帝国書院編集部編集，《新詳地理資料 COMPLETE2021》，帝国書院
朝岡幸彦監修、河村幸子監修協力，《こども環境学》，新星出版社
インフォビジュアル研究所著，《図解でわかる14歳からのプラスチックと環境問題》，太田出版
インフォビジュアル研究所著，《図解でわかる14歳から知る気候変動》，太田出版
齋藤勝裕著，《「環境の科学」が一冊でまるごとわかる》，ベレ出版
佐藤真久・田代直幸・蟹江憲史編著，《SDGs と環境教育ー地球資源制約の視座と持続可能な開発目標のための学び》，学文社
バウンド著、秋山宏次郎監修《こども SDGs　なぜ SDGs が必要なのかがわかる本》，カンゼン
細谷夏実著，《くらしに活かす環境学入門》，三共出版
小林富雄監修，《知ろう！減らそう！食品ロス》，小峰書店
井出留美監修，《食品ロスの大研究　なぜ多い？どうすれば減らせる？》，PHP 研究所

國家圖書館出版品預行編目（CIP）資料

漫畫圖解－地球環境與 SDGs. 4, 零汙染的永續未來 /
Kozaki Yu 原作 ; Tsuyama Akihiko 漫畫 ; 張萍翻譯 . -- 初版 . --
臺中市 : 晨星出版有限公司 , 2024.2
面 ;　公分
譯自 : マンガでわかる！地球環境と SDGs. 第 5 巻 , すばらしい未来のために
ISBN 978-626-320-724-0（平裝）

1.CST: 永續發展 2.CST: 環境保護 3.CST: 漫畫

445.99　　　　112019046

詳填晨星線上回函
50 元購書優惠券立即送
（限晨星網路書店使用）

漫畫圖解－地球環境與 SDGs4
零汙染的永續未來
マンガでわかる！地球環境と SDGs. 第 5 巻 , すばらしい未来のために

監修　高月紘
原作　Kozaki Yu
漫畫　Tsuyama Akihiko
插畫　大石容子、岡本まさあき、フジタヒロミ、渡辺潔
翻譯　張萍
主編　徐惠雅
執行主編　許裕苗
版面編排　許裕偉

創辦人　陳銘民
發行所　晨星出版有限公司
台中市 407 工業區三十路 1 號
TEL：04-23595820　FAX：04-23550581
E-mail：service@morningstar.com.tw
http：//www.morningstar.com.tw
行政院新聞局局版台業字第 2500 號
法律顧問　陳思成律師
初版　西元 2024 年 2 月 6 日
讀者專線　TEL：（02）23672044 /（04）23595819#212
FAX：（02）23635741 /（04）23595493
E-mail：service@morningstar.com.tw
網路書店　http://www.morningstar.com.tw
郵政劃撥　15060393（知己圖書股份有限公司）
印刷　上好印刷股份有限公司

定價 400 元

ISBN 978-626-320-724-0（平裝）

Manga de Wakaru! Chikyuukankyou to SDGs 5 Subarashii Mirai no Tameni © Gakken
First published in Japan 2022 by Gakken Plus Co., Ltd., Tokyo
Traditional Chinese translation rights arranged with Gakken Inc.
through Jia-xi Books Co., Ltd.
本書中之照片拍攝於 2022 年，並取得授權使用許可。

（如有缺頁或破損，請寄回更換）